LUMIÈRES ET COULEURS

BALADE AU RYTHME DES RIVAGES DE FRANCE

ST. TROPEZ

LUMIÈRES ET COULEURS

BALADE AU RYTHME DES RIVAGES DE FRANCE

texte

et photographies

d'Elizabeth Billhardt

traduction par Annie Richelet

ÉDITIONS PC

PARIS, FRANCE

Remerciments

Photographe autodidacte, j'ai la chance de rencontrer quatre professionnels de talent. Ils m'ont prodigué leurs conseils, orientant leurs efforts pour encourager ma passion naissante pour la photographie. Grâce à leur enthousiasme et à leur inspiration, j'ai enfin accompli mon dessein. Pour toujours reconnaissante, merci à Kathryn Mclaughin Abbé, Russel Foregger, Jay Maisel and Norman Sanders. Je remonte à l'époque de mes premiers 'snapshots' où ma mère, Nancy, fut la première à déceler cet engouement et à le faire fructifier. Aujourd'hui mes parents, Ken et Joy Billhardt continuent à nourrir mes efforts. Je remercie mes trois parents.

Pour réaliser cette publication, Annie Richelet, pour son assistance pour les deux versions de texte, et Monique Jusnot, pour son aide dans la production, trouveront l'expression de mes profonds remerciements.

Merci également à tous ceux et celles qui, des deux côtés de l'Atlantique, qui m'ont généreusement aidée et éclairée de leurs conseils : Lucinda Abbe, Sondra Allen, Sara Blumenstein, René Bozzi, Lynda Djalili, Denys Colomb de Daumant, Siggy de Guzman, Dominique Delahais, Suzanne Fetherstone-Haugh, Doris et Louis Florio, Monique Fortet, Madeleine Lanzo, Marion Fourestier, Ross Gach et Pascal Roy, Suzanne Hall, Yves Hieronimus, Louise et Paul Légier, Kim Lu, Pat McFarlane, Francis O'hara, Georgia Orcutt, Cléophée de Turcklein et Guillaime Pellerin, Yvette et Alain Philippe, Jill Pirdas, Paavo Raudkivi, Chantal Reeves, Catherine Reynal, Jacques Richelet, Martine Rio et Frédéric Tourtel, Edith, Jean-Louis et Mélissa Roques, Leslie Rothschild, Pierre Soule, Sandra Still, M.P.Uniyal et Chris et Ed Watson.

Pour leur avis professionnel et leur assistance, une mention toute particulière à : Gregory Apelroit, Michel Bernard, Alan Blahic, Philippe Chauveau, Charles Collins, Marike Gauthier, Guy Grégoire, Nathalie Guérin, Sam Pinkus et Sophie de Préneuf. Je remercie Jet Vacations et Auto France (Etats-Unis) pour les moyens de communication et de transports mis à ma disposition à l'occasion de nombreux déplacements. Un grand merci aussi aux sociétés Olympus corporation, Color Edge et Duggal Color (New York), à the Great Neck Kinko's, à Photogram (Collioure), au Laboratoire Augerot, Image du Sud et Megapom (Nice).

Les Comités régionaux de tourisme et Syndicats d'initiatives ont toujours tenu à ma disposition une foule de précieuses informations. Mes remerciements vont particulièrement à Christiane Bonnat et Marie-Yvonne Holley (Aquitaine), Claudie Barry et Antje Lichmann (Camargue), Patricia de Pouzilhac (Languedoc-Roussillon) et Christiane Cassanova-Bocat (Corse). Et enfin, aux personnels de la Bibliothèque du Trocadero et de l'American Library (Paris) ainsi que la Bibliothèque Muncipale de Nice.

Avant d'aménager à Nice, que je considère comme ma ville, je me souviens d'un premier Mai. Alors que je dinais un soir au restaurant, le garçon de table m'a offert un brin de muguet. Par ce geste, il a fait de cette étrangère que j'étais une Niçoise d'adoption. Par la suite, bien des marques de sympathie de la part de Français m'ont ravie et aidée plus qu'ils ne le pensent.

À vous tous, j'exprime ma gratitude.

à la mémoire de Christine,
son sourire, son soutien,
sa bienveillance,
ma sœur

MANCHE
OCÉAN ATLANTIQUE
MER MÉDITERRANÉE
PARIS
LYON
BORDEAUX
TOULOUSE
MARSEILLE
NICE
CÔTE D'OPALE
ZUYDCOOTE
DUNKERQUE
CAP BLANC-NEZ
CAP GRIS-NEZ
LA SLACK
WIMEREUX
LE PORTEL
BERCK-SUR-MER
CÔTE D'ALBÂTRE
CAYEUX
ST. VALERY-SUR-SOMME
AULT-ONIVAL
BOIS DE CISE
MERS-LES-BAINS
LE TREPORT
DIEPPE
VEULES-LES-ROSES
VARANGEVILLE
LE PETIT DAHL
ÉTRETAT
PENINSULE DU CONTENTIN
AUDERVILLE
CHERBOURG
CAP DE LA HAGUE
NEZ DE JOBOURG
VAUVILLE
BARFLEUR
CÔTE NACRE
CÔTE FLEURIE
HONFLEUR
TROUVILLE, DEAUVILLE, BLONVILLE
HOULGATE,
DIVES-SUR-MER
OUISTREHAM RIVA-BELLA
ARROMANCHES-LES-BAINS
COLLEVILLE ST. LAURENT
OMAHA BEACH
STE MERE EGLISE
PORTBAIL
AGON-COUTAINVILLE
GRANVILLE
MONT ST. MICHEL
CANCALE
POINTE DU GROUIN
ST. MALO
DINARD
ST. CAST
CAP FRÉHEL
CÔTE D'ÉMERAUDE
HILLION
BEAUPORT
PORS-EVEN
PERROS-GUIREC
PLOUMANACH
ILE DE CHAUSEY
ILE DE BRÉHAT
TRÉGASTEL
CÔTE GRANIT ROSE
LOCQUIREC
ST. POL-DE-LEON
ILE DE BATZ
CÔTE DES ABERS
ILE D'OUESSANT
MENEHAN
TREMAZAN
LE CONQUET
CAMARET
DAOULAS
ROSTUDEL
BAIE DES TRÉPASSÉS
DOUARNENEZ
PTE DU RAZ
PTE DE LA TORCHE
BÉNODET
BEG-MEIL
PENMARCH
LOCTUDY
LE POULDU
ST. CADO
CARNAC
GOLFE DU MORBIHAN
CÔTE DES MÉGALITHES
BELLE-ILE
PENESTIN
PIRIAC
LE CROISIC
PÉNINSULE DE GUÉRANDE
ST. BREVIN
PORNIC
ILE DE NOIRMOUTIER
PORT DU BEC
MARAIS BRETON
ILE D' YEU
LES SABLES-D'OLONNE
ILE DE RE
LA ROCHELLE
ILE D'OLERON
BROUAGE
LA TREMBLADE
CHAILLEVETTE
MORNAC-SUR-SUEDRE
ST.PALAIS
PONTAILLAC
TALMONT
LA GRANDE-CÔTE
CÔTE D'ARGENT
SOULAC-SUR-MER
CAP FERRET
ANDERNOS-LES-BAINS
BASSIN D'ARCACHON
PYLA-SUR-MER
DUNE DU PILAT
VIEUX-BOUCAU-PORT-D'ALBRET
HOSSEGOR
CÔTE BASQUE
BAYONNE
BIARRITZ
CIBOURE
ST-JEAN-DE-LUZ
GUÉTHARY
URRUGNE
HENDAYE
LE-GRAU-DU-ROI
AIGUES-MORTES
CAMARGUE
PALAVAS-LES-FLOTS
ETANG DE PRÉVOST
BOUZIGUES
SÈTE
FLEURY D'AUDE
VALRAS
MONTAGNE DE LA CLAPE
GRUISSAN
BAGES
ETANG DE SIGEAN
FONTFROIDE
PORT-LA-NOUVELLE
SALSES
CANET-PLAGE
COLLIOURE
PORT-VENDRES
TOUR MADELOC
CERBÈRE
CÔTE VERMEILLE
STES. MARIES DE-LA-MER
CARRO
MÉJEAN
MARTIGUES
CASSIS
LA CIOTAT
SANARY
ILE DES EMBIEZ
ILE PORQUEROLLES
ST. TROPEZ
CAP DRAMONT
FRÉJUS
CANNES
ILE ST. HONORAT
ANTIBES
BIOT
VILLEFRANCHE
ÉZE
MENTON
ROQUEBRUNE
BAIE DES ANGES
CÔTE D'AZUR
CENTURI
BASTIA
ILE ROUSSE
OLETTA
CALVI
HAUTE CORSE
MONTICELLO
GOLFE DE PORTO
CALANQUES DE PIANA
AJACCIO
ILES SANGUINAIRES
PORTICCIO
COTI-CHIAVARI
CORSE DU SUD
QUENZA
PORTO-VECCHIO
STEFFANOCIO
BONIFACIO

INTRODUCTION

DINARD

Peu à peu, par les dimanches d'été, on voit des familles de paysans venir s'asseoir devant la mer, d'abord sur l'herbe de la falaise, pour regarder s'ébattre sous eux ces vacanciers dénudés dans leurs maillots à bretelles. Ils finissent par descendre sur la grève à leur tour, timidement, pour se laver les pieds durcis, les hommes d'abord, les femmes derrière... Un jour, alors que nous sommes deux ou trois jeunes gars en train de sécher notre peau sur les galets, une jeune fille en coiffe bigoudène... arrive près de la cale dans une automobile. Elle en sort, inspecte autour d'elle, regarde un moment la mer exceptionnellement calme, remonte dans son carrosse. Quand elle en ressort un moment après, nous restons frappés de stupeur. Elle porte un maillot noir, mais elle a gardé sa coiffe sur la tête. Comment faire autrement ! Elle court jusqu'à la mer, y entre carrément et se met à nager aussi bien que si elle était Marie-Morgane elle-même. Et c'est un spectacle étonnant que de voir la coiffe de la fille cingler légèrement sur la houle brillante. A n'en pas croire ses yeux... C'est ce jour-là que se lève pour moi l'aube des temps nouveaux.

– Pierre-Jakez Héliaz (Le Cheval d'orgueil)

La scène que décrit Pierre-Jakez Hélias se situe dans le Finistère, dans les années trente. Avant cette époque, pour le paysan breton, la baignade en mer représentait une incongruité totale. Cinquante ans auparavant, les pêcheurs du Languedoc avaient eu la même réaction incrédule à l'arrivée des premiers Montpelliérains venus passer leur week-end à Palavas-les-Flots. Aussi étonnant que cela puisse paraître aujourd'hui, l'exode estival vers les plages était inconnu il y a moins de deux cents ans.

Les 'vacances à la mer' commencèrent au début du XIXe siècle, et furent, d'abord, surtout le fait des étrangers. Ainsi, c'est à la reine Hortense de Hollande que l'on doit l'introduction en France des bains de mer, lorsqu'elle vint passer ses vacances sur les plages de Dieppe en 1813, avec son jeune fils Napoléon III. Quelques dix ans plus tard, la populaire duchesse de Berry venait y séjourner à son tour, créant ainsi une mode que les Parisiens s'empressèrent de suivre.

L'immersion dans la mer était, à l'origine, une cérémonie religieuse, qui persiste de nos jours avec les bains rituels des fêtes de la Saint Jean, au solstice d'été.
Les marins de Marseille et de La Ciotat plongent dans l'eau en souvenir du baptême du Christ — ou serait-ce en réminiscence d'un rite pré-chrétien beaucoup plus ancien ? Jusqu'au siècle dernier, les citadins ramenaient des baquets d'eau de mer pour les jeter sur le public afin de le 'bénir', et, à Toulon, c'est de leur fenêtre que les habitants arrosaient les passants pour les 'consacrer'.

DE BANYULS, DANS LE ROUSSILLON, À LA CÔTE BASQUE, LA COUTUME VOULAIT QUE L'ON SE RÉUNISSE POUR PARTICIPER À UNE BAIGNADE SACRÉE ENTRE MINUIT ET LE LEVER DU SOLEIL. LES BASQUES SE DONNAIENT LA MAIN EN ENTRANT DANS L'EAU TOUS ENSEMBLE. A BANYULS, LES HOMMES PLONGEAIENT DANS LA MER PUIS SE LAISSAIENT SÉCHER PAR LES RAYONS DU SOLEIL NAISSANT ; LES FEMMES SE JOIGNAIENT À EUX EN RELEVANT LEUR JUPE. L'EAU DE MER PASSAIT POUR PRÉMUNIR CONTRE LES MALADIES ET LE PLONGEON RITUEL, AU SOLSTICE, ÉTAIT UN MOYEN DE SE PROTÉGER POUR TOUTE UNE ANNÉE.

AVANT LE XIXE SIÈCLE DÉJÀ, ON RECHERCHAIT LA MER POUR SON POUVOIR DE GUÉRISON, PARTICULIÈREMENT DANS LES CAS DE FOLIE ET DE RAGE. ON DISAIT D'AILLEURS D'UN FOU QUE C'ÉTAIT 'UN HOMME DIGNE D'ÊTRE PLONGÉ EN LA MER'. SUR LA CÔTE BASQUE, LE MALADE ÉTAIT ATTACHÉ À UN CHEVAL QU'ON FAISAIT ENTRER DANS L'EAU JUSQU À CE QUE LA PERSONNE SOIT PRESQUE IMMERGÉE. A DIEPPE, ON TREMPAIT DANS L'EAU SALÉE LES CHIENS ENRAGÉS ET CEUX QU'ILS AVAIENT MORDUS. DE FAIT, AVANT LA DÉCOUVERTE DE LA PÉNICILLINE, LA MER REPRÉSENTAIT LE MEILLEUR TRAITEMENT CONNU CONTRE LA RAGE. LES BASQUES ET LES LANDAIS, EUX, FAISAIENT SE BAIGNER LEURS CHEVAUX, POUR LES DÉBARRASSER DE LA GALE.

WIMEREUX

ON ATTRIBUA PEU À PEU À L'EAU DE MER UN PEU TOUTES LES VERTUS, COMME LA GUÉRISON DES DÉSORDRES GLANDULAIRES OU PULMONAIRES, DE L'ARTHRITE, DE L'ASTHME, DE LA MÉLANCOLIE OU DE LA LÉTHARGIE, DE LA DÉPRESSION, DE LA CONSTIPATION ET MÊME DE LA STÉRILITÉ. AU MILIEU DU XIXE SIÈCLE, EN NORMANDIE, LES CURES MARINES ÉTAIENT DEVENUES UNE MODE. LA CURE CONSISTAIT À PRENDRE UN BAIN JOURNALIER D'UN QUART D'HEURE, GÉNÉRALEMENT LOIN DU REPAS, SUIVI PAR UNE PROMENADE D'UNE TRENTAINE DE MINUTES. ELLE DURAIT DE VINGT À SOIXANTE JOURS. LA RICHESSE DE L'EAU DE MER, AJOUTÉE À LA TONICITÉ DE L'AIR MARIN, PASSAIT POUR FORTIFIER LES JEUNES ET RAJEUNIR LES PERSONNES ÂGÉES. EN 1844, ON COMMENÇA À 'ENVOYER AUX EAUX' DE BERCK LES ENFANTS RACHITIQUES. APRÈS LA FUNESTE ÉPIDÉMIE DE CHOLÉRA DE 1852, LA VEUVE MARIANNE, SURNOMMÉE 'TOUTESEULE', BAIGNAIT EN MER LES ENFANTS MALADES, PUIS LAISSAIT LE VENT TONIQUE ET LES RAYONS ULTRAVIOLETS DU SOLEIL LES SÉCHER. LES SUCCÈS QU'ELLE OBTINT DONNÈRENT NAISSANCE AUX CURES HÉLIO-MARINES ET À LA THALASSOTHÉRAPIE. DURANT LE SECOND EMPIRE DÉJÀ, LES PARISIENS AVAIENT HÂTE DE REJOINDRE LA CÔTE POUR S'Y REPOSER DES FATIGUES ET DES TRACAS DE LA VIE CITADINE. LA MODE DES CURES DEVINT ALORS UN VÉRITABLE ENGOUEMENT. TROUVILLE ET DEAUVILLE, SUR LA CÔTE NORMANDE, ET DINARD, EN BRETAGNE, DEVINRENT LES LIEUX DE SOINS MARINS LES PLUS RÉPUTÉS.

C'EST LE RESTAURATEUR PARISIEN EUGÈNE CORNUCHÉ QUI FUT À L'ORIGINE DE LA CLIENTÈLE CHIC DE DEAUVILLE. IL Y CRÉA UN CASINO POUR SES CLIENTS PARISIENS QUI PRENAIENT LÀ LEURS VACANCES D'ÉTÉ. TOUS Y VINRENT CHERCHER LE SOLEIL ET LA FORTUNE AU JEU. ON VIT MÊME DES RELIGIEUSES, ALIGNÉES SUR LES MARCHES DU CASINO, LA NUIT, QUI, CONTRE UN PETIT GESTE GÉNÉREUX , SOUHAITAIENT AUX CLIENTS BONNE CHANCE. CORNUCHÉ DEVINT CÉLÈBRE ET SES ÉTABLISSEMENTS SE MULTIPLIÈRENT (IL OUVRIT HÔTELS, RESTAURANTS ET CASINOS À PARIS, DEAUVILLE, LA BAULE ET CANNES), CE QUI LUI VALUT D'ÊTRE SURNOMMÉ (PAR SES ADMIRATEURS COMME SES DÉTRACTEURS), 'LE NAPOLÉON DES JEUX'.

DEAUVILLE

CE QUE FAISAIENT BEAUCOUP LES PARISIENS SOUS LE SECOND EMPIRE, C'ÉTAIT DE RESTER À DEAUVILLE PENDANT TROIS SEMAINES EN AOÛT, PUIS DE DESCENDRE SUR LA CÔTE AQUITAINE, À ARCACHON OU À BIARRITZ. ARCACHON ÉTAIT RÉPUTÉE POUR SON AIR TONIQUE, OÙ SE MÊLAIENT LE SEL MARIN ET L'ESSENCE BALSAMIQUE DES PINS. BIARRITZ DEVINT CÉLÈBRE EN TANT QUE 'REINE DES PLAGES ET PLAGE DES ROIS', CAR LES TÊTES COURONNÉES D' EUROPE VINRENT Y SUIVRE L'EXEMPLE DE NAPOLÉON III ET DE L'IMPÉRATRICE EUGÉNIE. L'EMPEREUR Y AVAIT FAIT CONSTRUIRE LA

'VILLA EUGÉNIE' POUR SA FEMME. L'ATTIRANCE DE CELLE-CI POUR LA RÉGION REMONTAIT À SA PLUS TENDRE ENFANCE, LORSQUE SA MÈRE, LA COMTESSE MONTIJO, AYANT DÉCOUVERT AU BORD DE LA MER, LE VILLAGE DE BIARRITZ, VINT, À PARTIR DE 1838, Y RÉSIDER CHAQUE ÉTÉ, POUR ÊTRE PLUS PROCHE DE SON AMANT QUI PASSAIT SES VACANCES DE L'AUTRE CÔTÉ DE LA FRONTIÈRE, À SAN SEBASTIAN.

BIARRITZ

AU XIXE SIÈCLE, LORSQUE LES BAIGNEUSES PRENAIENT LE SOLEIL, ELLES SE PROTÉGEAIENT DES RAYONS POUR QUE LEUR TEINT DÉLICAT NE SE COLORE PAS. LA PUDEUR LEUR INTERDISAIT D'ÊTRE TROP DÉVÊTUES ET LES COSTUMES MARINS ÉTAIENT DES TUNIQUES ET DES CULOTTES, SOUVENT TRICOTÉES, QUI LES COUVRAIENT DE LA TÊTE AUX PIEDS. NÉANMOINS, CELA ÉTAIT ENCORE AUDACIEUX POUR L'ÉPOQUE, C'EST POURQUOI À DIEPPE, DES FEMMES DE PÊCHEURS, ROBUSTES ET BIEN TAILLÉES, S'OFFRAIENT À PORTER CES DAMES, ASSISES DANS LEURS CHAISES COUVERTES, DE LEURS CABINES À LA MER, AFIN DE LES CACHER AUX REGARDS MASCULINS.

AU TEMPS JADIS, VOYAGER ÉTAIT UNE AVENTURE POUR ARISTOCRATES. POUR SE LE PERMETTRE, IL FALLAIT AVOIR DU TEMPS ET DE L'ARGENT. L'AVÈNEMENT DU CHEMIN DE FER REPRÉSENTA UNE RÉVOLUTION DANS L'ACCÈS AU LITTORAL FRANÇAIS. LE PREMIER 'TRAIN DES PLAISIRS' FUT INAUGURÉ EN 1848, ET AMENA LES PARISIENS À DIEPPE EN UN TEMPS RECORD DE SIX HEURES. ARCACHON FUT DESSERVIE EN 1857, BIARRITZ EN 1860, NICE EN 1864. PRÉCÉDEMMENT, LE VOYAGE SE FAISAIT EN DILIGENCE, CE QUI, POUR ALLER SIMPLEMENT DE MARSEILLE À NICE, DEMANDAIT VINGT-QUATRE HEURES. DÉSORMAIS, ON VOYAIT AFFLUER SUR LES PLAGES DES MÈRES DE FAMILLES ENTOURÉES D'ENFANTS, ET QUI RESTAIENT TOUTE LA SAISON. DÈS L'ÉTÉ DE 1871, LES PÈRES PURENT REJOINDRE LEUR FAMILLE, EN PRENANT LE 'TRAIN JAUNE' DIT LE 'TRAIN DES MARIS'.

LES SABLES-D'OLONNE

SUR LA CÔTE MÉDITERRANÉENNE, LES DUCS ET DUCHESSES DE L'ARISTOCRATIE ANGLAISE AVAIENT COMMENCÉ D'ARRIVER À LA FIN DU XVIIIE SIÈCLE. LA VOGUE CONSISTAIT ALORS À Y PASSER LES MOIS D'HIVER, ÉCHAPPANT AINSI AU FROID ET À L'HUMIDITÉ DE CETTE SAISON DANS LEUR PAYS. DÈS 1815, LES ANGLAIS S'ÉTAIENT ÉTABLIS À NICE, CRÉANT LEUR PROPRE JOURNAL, LEUR THÉÂTRE, LEUR CASINO ET LEUR ÉGLISE. EN 1822, LE RÉVÉREND ANGLICAN, LEWIS WAY, RASSEMBLA LES FONDS NÉCESSAIRES POUR ENGAGER DES OUVRIERS — LA RÉCOLTE D'ORANGES AYANT ÉTÉ DÉTRUITE PAR UN HIVER PARTICULIÈREMENT FROID, BEAUCOUP ÉTAIENT SANS EMPLOI — ET FIT CONSTRUIRE LA PROMENADE DES ANGLAIS. PUIS VINT LA NOBLESSE RUSSE, APRÈS QUE L'IMPÉRATRICE ALEXANDRA EUT ÉTÉ INVITÉE, EN 1856, PAR LE ROI VICTOR-EMMANUEL II DE SARDAIGNE (DONT NICE DÉPENDAIT ALORS). PLUS TARD, FUYANT LA RÉVOLUTION RUSSE, BEAUCOUP D'ÉCRIVAINS, D'ARTISTES ET D'ARCHITECTES VINRENT AUSSI Y CHERCHER REFUGE. LA CATHÉDRALE SAINT NICOLAS, CONSTRUITE AU DÉBUT DU SIÈCLE, RESTE, ENCORE AUJOURD'HUI, UN LIEU DE PÈLERINAGE POUR LE TOURISTE RUSSE. NICE APPRIT À RECEVOIR SES ÉTRANGERS ET DEVINT LA PREMIÈRE VILLE AU MONDE DONT L'ÉCONOMIE FÛT BASÉE SUR LE TOURISME.

NICE

LORD BROUGHAM FAISAIT PARTIE DE CES ANGLAIS ATTIRÉS PAR NICE, MAIS L'ÉPIDÉMIE DE CHOLÉRA DE 1834 AVAIT FERMÉ LES FRONTIÈRES ET IL AVAIT DU S'ARRÊTER À CANNES. IL TOMBA TOUT DE SUITE AMOUREUX DE CETTE BOURGADE DE PÊCHEURS UN PEU À L'ÉCART ET, EN MOINS DE DIX JOURS, IL AVAIT ACHETÉ LA MAISON OÙ IL ALLAIT REVENIR DURANT TRENTE QUATRE ANS. SES AMIS

ARISTOCRATES VINRENT RAPIDEMENT LE REJOINDRE. A LA FIN DU SIÈCLE, DANS CE MÊME CANNES, LE QUARTIER DE LA CALIFORNIE COMMENÇA À ATTIRER LES GENS RICHES. ON L'APPELAIT AINSI, NON PAS À CAUSE DE LA PRÉSENCE DES AMÉRICAINS QUI S'Y INSTALLÈRENT RAPIDEMENT, MAIS PARCE QU'ON POUVAIT FAIRE FORTUNE AVEC L'ÉCORCE DES CHÊNES-LIÈGES, COMME CELA AVAIT ÉTÉ LE CAS AVEC LES PÉPITES, EN CALIFORNIE, LORS DE LA RUÉE VERS L'OR DE 1849.

ARTISTES, ÉCRIVAINS ET MILLIONNAIRES AMÉRICAINS ARRIVÈRENT SUR LA CÔTE D'AZUR PENDANT LES FOLLES ANNÉES VINGT. LES MURPHY FIRENT VENIR LEURS AMIS, LES F. SCOTT FITZGERALD ET LA VIE DEVINT UNE SUITE DE DIVERTISSEMENTS ET DE FÊTES. LE JAZZ FIT UNE ENTRÉE EN FANFARE. CE FURENT LES AMÉRICAINS QUI, LES PREMIERS, PASSÈRENT L'ÉTÉ SUR LA CÔTE, EN PARTICULIER À ANTIBES ET JUAN LES PINS. VERS 1931, LES HÔTELS COMMENCÈRENT À OUVRIR EN ÉTÉ, PRENANT LE PARI QU'IL Y AURAIT DES CLIENTS POUR ASSURER UNE SAISON SUPPLÉMENTAIRE.

SAINT TROPEZ ALLAIT ÊTRE LA SEULE VILLÉGIATURE DE LA CÔTE D'AZUR QUE LES FRANÇAIS EUX-MÊMES RENDRAIENT POPULAIRE. LE PEINTRE PAUL SIGNAC FUT LE PREMIER À EN BROSSER LES LOUANGES SUR SES TOILES. IL AVAIT ACCOSTÉ LÀ PAR HASARD, ALORS QU'IL CHERCHAIT UN ABRI CONTRE LA TEMPÊTE, EN 1892. LE LIEU LE CHARMA TELLEMENT QU'IL Y ÉLUT DOMICILE ET INVITA SES NOMBREUX AMIS PEINTRES À VENIR CAPTURER L'ENIVRANTE LUMIÈRE PROVENÇALE. DANS LES ANNÉES TRENTE, CE FUT LE TOUR DE COLETTE ET DES INTELLECTUELS PARISIENS DE CHOISIR SAINT TROPEZ COMME LEUR 'MONTPARNASSE' MÉDITERRANÉEN POUR L'ÉTÉ. AVEC L'ARRIVÉE DES GENS DU SPECTACLE, ST. TROPEZ ENTRA DANS UNE NOUVELLE ORBITE ET ÉVOLUE ENCORE AUJOURD'HUI.

ST. TROPEZ

ST. TROPEZ

BIEN AVANT BRIGITTE BARDOT, LE BIKINI ET LA LOTION 'BAIN DE SOLEIL', LES VACANCIERS QUI POUVAIENT SE L'OFFRIR, SE PROTÉGEAIENT DE L'ARDEUR DES RAYONS DANS DES CABINES OU SOUS DES OMBRELLES. JUSQU'À CE QU'AU MILIEU DES ANNÉES FOLLES, UNE CRÉATRICE DE MODE BRILLANTE ET TRÈS EN VOGUE, COCO CHANEL, OSÂT FAIRE AUTREMENT : ELLE SE FIT BRONZER! C'EST À PARTIR DE CET ÉTÉ-LÀ QUE LES BAINS DE SOLEIL DEVINRENT CHICS. CHANEL DONNA AUSSI UN STYLE AUX HABITS DE PLAGE EN CRÉANT LE MAILLOT DE BAIN UNE PIÈCE ET LES PYJAMAS D'ÉTÉ.

AVANT DE COMMENCER À SE BAIGNER EN MER, LES MARSEILLAIS, ET CE, DÈS LE XVIIe SIÈCLE, PRIRENT L'HABITUDE DE SE RETROUVER DANS LEURS CABANES AU BORD DE L'EAU, QU'ON NOMME EN PROVENÇAL 'LOU PARADOU' (LES PETITS PARADIS). CES SIMPLES HUTTES, QUI PRÉFIGURAIENT LES RÉSIDENCES D'ÉTÉ D'AUJOURD'HUI, SONT TOUJOURS AUSSI POPULAIRES. ELLES SONT UN PATRIMOINE FAMILIAL ET IL FAUT DES CIRCONSTANCES EXCEPTIONNELLES POUR QU'ELLES SOIENT VENDUES. ELLES S'ALIGNENT LE LONG DES CALANQUES OU SE NICHENT AU MILIEU DES PINS AVOISINANTS. ELLES COMPORTENT UNE SEULE PIÈCE, DEUX AU PLUS, MAIS OBLIGATOIREMENT UN PORCHE, OÙ LA FAMILLE PEUT DÉGUSTER UN PASTIS EN ADMIRANT LE SOLEIL ET LA MER.

AVANT DE DEVENIR POPULAIRE, AU TOUT DÉBUT DU XIXe SIÈCLE, LA MER ÉTAIT SURTOUT UN SUJET D'APPRÉHENSION ET D'ANGOISSE. AU MOYEN AGE, ON PENSAIT QUE C'ÉTAIT LA DEMEURE DU DIABLE, QU'IL Y RÉGNAIT DE MORTELLES TÉNÈBRES. ON LAISSAIT LE CORDON LITTORAL AUX MOINES ET AUX PÊCHEURS. L'ISOLEMENT ET LES DIFFICULTÉS D'ACCÈS CONVENAIENT PARFAITEMENT AUX MOINES POUR LEURS CONTEMPLATIONS SOLITAIRES. LES PÊCHEURS, QUANT À EUX, N'AVAIENT PAS D'AUTRE OPTION, ILS DÉPENDAIENT ENTIÈREMENT DES ÉLÉMENTS, CE QUI

CÔTE D'AZUR

LEUR PERMIT, À LA LONGUE, DE DÉVELOPPER UNE SENSIBILITÉ ET UNE SAGESSE QU'EXPRIME LA RICHE TRADITION DE LEUR FOLKLORE. LES MARINS ONT CRU DE TOUT TEMPS À L'INFLUENCE DES MARÉES SUR LES ÊTRES HUMAINS. AINSI PENSAIT-ON QUE LES GARÇONS ÉTAIENT CONÇUS AU FLOT MONTANT ET LES FILLES AU FLOT DESCENDANT, ET LE FLUX, QU'ON PENSAIT 'ENRAGÉ', PASSAIT POUR ALIÉNER OU RENDRE FURIEUX CEUX QUI S'Y BAIGNAIENT.

ETRETAT

LE VENT EST SOUVENT L'AMI DU PÊCHEUR, MAIS ON DIT AUSSI QU'IL PEUT — COMME UNE FEMME — VARIER À TOUT MOMENT. SANS CESSE, LES HOMMES DOIVENT RESTER EN ALERTE POUR DÉCHIFFRER LES SIGNES QU'IL ENVOIE : LÀ-HAUT DANS LE CIEL, LES MOUETTES ET LES AUTRES OISEAUX RESTENT EN MER QUAND IL FAIT BEAU ; S'ILS RENTRENT DANS LES TERRES, C'EST QU'UNE TEMPÊTE APPROCHE. ALORS À TERRE, CHATS DE GRIFFER, COCHONS DE GROGNER, MOUTONS DE SE BOUSCULER, TANDIS QUE LE VENT CONTINUE DE FORCIR, ANNONÇANT LA TEMPÊTE IMMINENTE. MÊME LES PIERRES, DIT-ON, SE METTENT À PARLER. L'OCÉAN EST COMME UN TYRAN : 'IL S'IMPOSE, MÊME SI ON NE LE VOIT PAS.'

LE CONQUET

LE DOURDUFF

LE BROUILLARD FAIT ENCORE PLUS PEUR QUE LE VENT. LES PÊCHEURS PENSAIENT NAGUÈRE QUE LA BRUME ÉTAIT LA PREUVE QUE LA LUNE, QUI RÈGNE SUR LA MER, ÉTAIT EN COLÈRE. ELLE ENVELOPPE TOUT LE PAYSAGE DANS SES PANS ET ALORS, LES DÉMONS ET LES FÉES EN PROFITENT POUR FAIRE SE LEVER DES MIRAGES, AU BORD DE L'HORIZON.

LA VIE DES PÊCHEURS EST ÉTAYÉE PAR UNE FOI PROFONDE. IL NE FAUT PAS LEUR DIRE 'BONNE CHANCE', MAIS PLUTÔT 'DIEU T'EN ENVOIE'. CHAQUE CAMPAGNE DE PÊCHE COMMENCE PAR UNE MESSE ET UNE BÉNÉDICTION DU CURÉ, ET JAMAIS UN BATEAU NE QUITTERA UN CHANTIER SANS ÊTRE BAPTISÉ. QUAND ILS NAVIGUENT DANS LA PASSE DU RAZ, À L'EXTRÊME POINTE DE LA BRETAGNE, LES MARINS DISENT CETTE PRIÈRE : 'MON DIEU, SECOUREZ-MOI, MA BARQUE EST SI PETITE ET LA MER EST SI GRANDE'. LES JOURS DE LA FÊTE DE LEUR SAINT PROTECTEUR, ILS NE SE PERMETTENT PAS DE SORTIR EN MER POUR PÊCHER, ET CEUX QUI VOUDRAIENT BRAVER LA TRADITION, GARDENT EN MÉMOIRE D'INNOMBRABLES LÉGENDES QUI LES EN DISSUADENT. AINSI DANS LE ROUSSILLON, ON DIT QUE SI, CE JOUR-LÀ, QUATRE HOMMES SORTENT EN MER, IL N'EN REVIENDRA QUE TROIS. EN NORMANDIE ET EN PROVENCE, ON RACONTE QUE DES PÊCHEURS TROUVÈRENT LEURS FILETS REMPLIS DE SQUELETTES. A MENTON, UN SQUELETTE SE MIT MÊME À PARLER, REPROCHANT AU PÊCHEUR D'AVOIR TRAVAILLÉ UN JOUR SAINT.

IL Y EUT JADIS DES MARINS QUI PARCOURAIENT LES OCÉANS EN QUÊTE D'UNE AUTRE PRISE. C'ÉTAIENT LES CORSAIRES, EN RÉALITÉ DES PIRATES, AGRÉÉS PAR LE ROI. DÉGUISÉS EN ACTES COMMERCIAUX, LEURS EXPLOITS, AUDACIEUX ET RENTABLES, RESSEMBLAIENT DAVANTAGE À DES ACTES DE GUERRE. JEAN MARANT, DE BOULOGNE, FIT RÉGNER LA TERREUR SUR LES MERS DU XIVe SIÈCLE. IL SE VANTAIT DE N'AVOIR JAMAIS FAIT DE PRISONNIER, MAIS EN FAIT IL MASSACRAIT SES CAPTIFS. IL ÉTAIT SACRILÈGE DE FAIRE DU MAL À UN PÊCHEUR, AUSSI, POUR PARAÎTRE PIEUX, MARANT RESPECTAIT-IL LA 'TRÊVE PÊCHERESSE', OU TRÊVE DES PÊCHEURS. AU XVIe SIÈCLE, FRANÇOIS Ier ÉTENDIT LE POUVOIR DES CORSAIRES AVEC LES 'LETTRES DE MARQUE' QUI DONNAIENT LE 'DROIT DE POURSUITE ET DE FAIRE LA COURSE'. JEAN D'ANGO, DE DIEPPE, AVAIT AMASSÉ UNE TELLE FORTUNE PAR SON 'COMMERCE' À LA MER, QUE LE ROI LUI FIT UN EMPRUNT. JAMAIS LE PRÊT NE FUT REMBOURSÉ ET D'ANGO LUI-MÊME MOURUT COUVERT DE DETTES.

DUGUAY-TROUIN (1673-1736), ET SURCOUF (1773-1827), TOUS DEUX MALOUINS, ÉTAIENT DESTINÉS À L'ÉGLISE, MAIS LEUR JEUNESSE DISSOLUE AVAIT RENDU LA CHOSE IMPOSSIBLE. ILS AMASSÈRENT UNE FORTUNE ET SE CRÉÈRENT UNE LÉGENDE EN PARTANT À L'ASSAUT DES FLOTTES ENNEMIES. AU LARGE DES CÔTES BRETONNES,

LES CORSAIRES DÉPLAÇAIENT LES BOUÉES ET LES AMERS, POUR ATTIRER LEURS ADVERSAIRES SUR LES RÉCIFS OÙ ILS S'ÉCHOUAIENT, PROIES FACILES ALORS À DÉVALISER. LES BASQUES AUSSI ÉTAIENT CÉLÈBRES POUR LEURS EXPLOITS, À TEL POINT QUE LES ANGLAIS DISAIENT DU GOLFE DE GASCOGNE QUE C'ÉTAIT UN 'NŒUD DE VIPÈRES'. LES ESCAPADES DES CORSAIRES S'ÉTENDIRENT AUSSI À TRAVERS TOUTE LA MÉDITERRANÉE.

LES VRAIS MARINS ONT TOUJOURS EU UN CARACTÈRE AVENTUREUX QUI A POUSSÉ CERTAINS À DE NOBLES RÉALISATIONS. AU XIVe SIÈCLE, LES MARINS DE DIEPPE AVAIENT EXPLORÉ LA CÔTE AFRICAINE ET DÉCOUVERT LES ILES CANARIES. EN 1534, JACQUES CARTIER PARTIT DE SAINT MALO EN QUÊTE DE L'OR DE L'INDE. IL DÉCOUVRIT EN FAIT LE FLEUVE ST LAURENT, ET REVENDIQUA LE PAYS AU NOM DU ROI FRANÇOIS Ier, LUI DONNANT LE NOM DE 'CANADA', C'EST-À-DIRE 'VILLAGE' DANS LE DIALECTE DES INDIENS HURONS. CHAMPLAIN SUIVIT EN 1608, FONDA QUÉBEC ET AINSI COMMENÇA LA COLONISATION FRANÇAISE EN AMÉRIQUE DU NORD.

QUELQUES TEMPS APRÈS, CHRISTOPHE COLOMB DÉCOUVRIT LES INDES OCCIDENTALES. LES CORSES PRÉTENDENT QUE CHRISTOPHE COLOMB EST NÉ À CALVI. ILS EN DONNENT POUR PREUVE QU'IL PLAÇAIT TOUJOURS LES TERRES QU'IL DÉCOUVRAIT SOUS LA PROTECTION DE SAINTS PATRONS CORSES. DE PLUS, AJOUTENT-ILS, LES CHIENS ET LES CHEVAUX QUI ÉTAIENT À BORD ÉTAIENT DE RACE CORSE. IL SE TROUVE QUE CALVI ÉTAIT À L'ÉPOQUE SOUS DOMINATION GÉNOISE, ET LES CORSES SOUTIENNENT QU'IL Y A SANS DOUTE EU CONFUSION AVEC LE LIEU DE NAISSANCE DE COLOMB.

TOUTES LES RÉGIONS CÔTIÈRES FRANÇAISES ONT SUBI LES ASSAUTS RÉPÉTÉS D'ARMÉES ÉTRANGÈRES QUI ESSAYAIENT DE LES CONQUÉRIR. LES GUERRES MONDIALES DU SIÈCLE PRÉSENT N'Y FONT PAS EXCEPTION. LE NOMBRE IMPRESSIONNANT DES VICTIMES DE LA PREMIÈRE GUERRE MONDIALE S'ÉLÈVE À CINQ MILLIONS DE MORTS. LES VENDÉENS QUI AVAIENT SI PASSIONNÉMENT RÉSISTÉ PENDANT LA RÉVOLUTION, FORMAIENT LA MAJEURE PARTIE DES SOLDATS DANS LA TRANCHÉE DES BAÏONNETTES, À VERDUN ET LEURS PERTES S'ÉLEVÈRENT À PLUS DE QUATRE-VINGT-DIX POUR CENT. CE FUT UN DE LEURS COMPATRIOTES, GEORGES CLÉMENCEAU QUI ALLAIT RASSEMBLER LA NATION QUAND IL DEVINT PRÉSIDENT DE LA RÉPUBLIQUE, EN 1920. UN AUTRE VENDÉEN, JEAN DE LATTRE DE TASSIGNY COMMANDA LA PREMIÈRE ARMÉE FRANÇAISE DANS SON EFFORT MALHEUREUX POUR MAINTENIR LES NAZIS DE L'AUTRE CÔTÉ DU RHIN, PENDANT LA SECONDE GUERRE MONDIALE.

LES PREMIERS À RÉPONDRE À L'APPEL DE CHARLES DE GAULLE FURENT LES MARINS DE L' ÎLE DE SEIN, OÙ LES CENT TRENTE HOMMES EN ÂGE DE SE BATTRE S'ENGAGÈRENT TOUS COMME VOLONTAIRES. LORSQUE LES ALLEMANDS PRIRENT PIED SUR L'ÎLE, ILS N'Y TROUVÈRENT QUE DES FEMMES, DES ENFANTS ET DES VIEILLARDS ! LES BRETONS PRIRENT UNE ACTIVE PART À LA RÉSISTANCE EN PRENANT À LEUR BORD DES AVIATEURS ALLIÉS POUR LES RAMENER EN ANGLETERRE ET EN PRATIQUANT UN SABOTAGE CONSTANT. ILS SE SOUVINRENT DES RUSES DES CORSAIRES ET DÉPLACÈRENT LES AMERS POUR TROMPER LES BATEAUX ALLEMANDS. LES BASQUES, HABITUÉS À LA CONTREBANDE, AIDÈRENT À FAIRE PASSER EN ESPAGNE DES JUIFS ET DES RÉSISTANTS. LES CORSES PROTÉGÈRENT LES PARTISANS FRANÇAIS DES ALLEMANDS ET DES ITALIENS EN LES CACHANT DANS LEUR MAQUIS INVIOLABLE. C'EST AINSI QUE, PAR ALLUSION À CETTE CACHETTE, LES RÉSISTANTS REÇURENT BIENTÔT LE NOM DE 'MAQUISARDS'.

STE-MÈRE-ÉGLISE

COLEVILLE ST. LAURENT

LA BATAILLE LA PLUS MÉMORABLE DE TOUTE LA SECONDE GUERRE MONDIALE EUT LIEU SUR LES PLAGES NORMANDES ET RESTERA DANS LES SOUVENIRS COMME 'LE JOUR DU DÉBARQUEMENT' (D-DAY POUR LES ALLIÉS). LE TROISIÈME REICH ÉTAIT CONVAINCU QU'UNE INVASION ALLIÉE DEVAIT SE FAIRE DANS LE PAS DE CALAIS.

A TEL POINT QUE, MÊME APRÈS LE DÉBUT DU DÉBARQUEMENT, LE 6 JUIN 1944, LES ALLEMANDS CONTINUAIENT À CROIRE QUE C'ÉTAIT UN LEURRE. LA DISCRÉTION ET L'EFFET DE SURPRISE FURENT DES ATOUTS DÉCISIFS, QUI PERMIRENT SANS DOUTE DE CONTREBALANCER LES FORMIDABLES OBSTACLES CONSTITUÉS PAR LA MER HOULEUSE, LE TEMPS EXÉCRABLE ET LE BOCAGE PRESQUE IMPÉNÉTRABLE.

DÈS LE PETIT MATIN, LES TROUPES D'UN PLANEUR ANGLAIS ASSURÈRENT LA PREMIÈRE VICTOIRE DES ALLIÉS PAR LA LIBÉRATION DU PONT PÉGASE. NÉANMOINS, LES PERTES HUMAINES DE CE PREMIER JOUR DE BATAILLE SE CHIFFRÈRENT À DIX OU DOUZE MILLE MORTS, ET LES COMBATS DURÈRENT ENCORE TOUT L'ÉTÉ, AVANT QUE LA NORMANDIE SOIT DÉFINITIVEMENT LIBÉRÉE. LE COÛT EN VIES HUMAINES AVOISINE TRENTE SEPT MILLE POUR LES ALLIÉS ET DIX MILLE POUR LA POPULATION CIVILE. LES NAZIS DURENT RECULER ENCORE APRÈS LE DÉBARQUEMENT ALLIÉ EN PROVENCE, LE 15 AOÛT, À CAVALAIRE. ON POUVAIT À NOUVEAU ENTONNER LA MARSEILLAISE!

NICE

LA GUERRE AVAIT ÉTÉ UNE HÉCATOMBE ET LE PAYS ÉTAIT EN RUINES. BEAUCOUP DE VILLES CÔTIÈRES AVAIENT DISPARU, D'AUTRES AVAIENT ÉTÉ PRESQUE RASÉES PAR LES BOMBARDEMENTS. CE FUT ENCORE UN LONG COMBAT DE RECONSTRUIRE SUR LES RUINES DE LA GUERRE. LE GOUVERNEMENT FRANÇAIS AVAIT INAUGURÉ LES 'CONGÉS PAYÉS' EN 1936, MAIS CE NE FUT PAS AVANT LA FIN DE LA GUERRE QU'ON EN PRIT VRAIMENT L'HABITUDE ET QUE CHANGÈRENT CETTE FOIS, DE MANIÈRE DÉFINITIVE, ET LE GENRE DU TOURISME ET SON INFLUENCE SUR LA VIE DES RÉGIONS CÔTIÈRES. LES VACANCES ÉTAIENT DÉSORMAIS CONSIDÉRÉES COMME UN DROIT POUR TOUS. BEAUCOUP SE PRÉCIPITÈRENT À LA MER, CE QUE FAIT ENCORE, DE NOS JOURS, UNE MAJORITÉ DE FRANÇAIS LORS DES VACANCES D'ÉTÉ. LA FRANCE EST DEVENUE LE PREMIER PAYS TOURISTIQUE AU MONDE. LES FRANÇAIS ONT PLUS OU MOINS REPRIS LEUR VIE HABITUELLE ET UNE PARTIE DE LEURS TRADITIONS.

BAIE DES ANGES

NICE

EN FIN D'APRÈS-MIDI, LES HOMMES DESCENDENT AU TERRAIN DE BOULES POUR LEUR PARTIE QUOTIDIENNE. LES DEUX ÉQUIPES SE SUCCÈDENT POUR LANCER LEURS BOULES AU PLUS PRÈS DU COCHONNET. DANS LE JEU LE PLUS ANCIEN, ON S'ÉLANCE, LA BOULE À LA MAIN, D'UN PAS SI ON VISE LE COCHONNET, DE TROIS SI ON VEUT 'TIRER' UNE BOULE ADVERSE. A LA CIOTAT, UN APRÈS-MIDI DE 1910, UN JOUEUR QUI AVAIT DU MAL À MARCHER, RESTA SUR PLACE POUR LANCER SA BOULE; AINSI NAQUIT LE JEU DE PÉTANQUE. CE FUT LONGTEMPS UNE TRADITION SPÉCIFIQUE À LA PROVENCE, MAIS QUI S'EST ÉTENDUE DEPUIS JUSQU'AU NORD DU PAYS, LES FEMMES ELLES-MÊMES SE METTANT À CE JEU JADIS TYPIQUEMENT MASCULIN. C'EST UN 'SPORT' OÙ RÈGNE LA BONNE HUMEUR, MALGRÉ DES ÉCHANGES PARFOIS VIFS, LORSQU'IL S'AGIT DE MESURER LES DISTANCES.

SUR LA CÔTE OUEST DU PAYS, ROYAN PRÊTE SES SABLES HUMIDES À UNE VERSION MINIATURISÉE, JOUÉE AVEC LES DOIGTS CETTE FOIS, PAR LES AMATEURS, JEUNES ET VIEUX : LE JEU DE BILLES. LE SABLE FERME, MAIS INÉGAL, CRÉE LE SUSPENSE ET LA SURPRISE À CHAQUE LANCER. UNE COMPÉTITION INTERNATIONALE ATTIRE CHAQUE ANNÉE ENTHOUSIASTES ET JOURNALISTES.

PLUS AU SUD, SUR LA CÔTE BASQUE, LE FRONTON EST L'ÉLÉMENT CENTRAL DES VILLAGES D'AQUITAINE. LE SOIR, LA VILLE SE

RASSEMBLE POUR UNE PARTIE DE PELOTE, UNE ÉVOLUTION DU JEU DE PAUME MÉDIÉVAL, QUI ÉTAIT POPULAIRE DANS TOUTE LA FRANCE DU MOYEN AGE. LES ÉQUIPES LANCENT ALTERNATIVEMENT LA PELOTE (BALLE DURE EN CUIR CAOUTCHOUTÉ) CONTRE LE FRONTON, EN ESSAYANT DE LA FAIRE REBONDIR À UNE DISTANCE OU À UN ANGLE DIFFICILE POUR LEURS ADVERSAIRES. IL FAUT UNE GRANDE AGILITÉ ET UNE BONNE ENDURANCE POUR SUIVRE LE RYTHME RAPIDE DE LA BALLE. LA 'LONGUE PAUME' A ÉTÉ ABANDONNÉE À LA RÉVOLUTION, ET NE SUBSISTE QUE DANS SON ADAPTATION BASQUE, LA 'CHISTERA', UN PANIER ALLONGÉ ET RECOURBÉ QUE L'ON SE FIXE AU POIGNET. LA PROUESSE DU CHAMPION DE PELOTE CHIQUITO DE CAMBO EST CÉLÈBRE : DURANT LA GUERRE DE 1914, IL AURAIT LANCÉ, AVEC SA CHISTERA, DES GRENADES SUR LES ALLEMANDS DE L'AUTRE CÔTÉ DU RHIN. LE JEU DE 'PAUME COURTE' MÉDIÉVAL A DONNÉ LE TENNIS ET LE SQUASH, AINSI QU'UNE VERSION BASQUE QU'ON JOUE AVEC UN GANT COURT : 'LA CHISTERA DE PETIT FORMAT'. CE SPORT EST TOUJOURS AUSSI PRISÉ AUJOURD'HUI. ACCOMPAGNÉS PAR UNE FOULE ENTHOUSIASTE, LES ARBITRES ONT GARDÉ LA COUTUME DE CHANTER LE SCORE.

REMONTANT AUSSI AU MOYEN AGE, LES JOUTES SUR L'EAU SONT CÉLÉBRÉES DURANT TOUT L'ÉTÉ SUR LA CÔTE LANGUEDOCIENNE. C'EST UNE ADAPTATION NAUTIQUE DES JOUTES QUE LES CHEVALIERS DISPUTAIENT À CHEVAL. DANS LES JOUTES LANGUEDOCIENNES, DEUX ADVERSAIRES SE TIENNENT DEBOUT À L'ARRIÈRE DE BATEAUX MANOEUVRÉS PAR HUIT RAMEURS. LA POITRINE PROTÉGÉE PAR UN BOUCLIER DE BOIS, LA PERCHE À LA MAIN, LES HOMMES ESSAIENT DE SE DÉSÉQUILIBRER. LE VAINQUEUR EST CELUI QUI NE VACILLE PAS, LE PERDANT TOMBE À L'EAU. SI AUCUN DES DEUX NE TOMBE, OU SI LES DEUX SONT DÉSÉQUILIBRÉS, CE SONT LES JUGES QUI DÉCIDERONT DU GAGNANT. LES COMBATTANTS SONT PLUTÔT BIEN TAILLÉS ET LES CONTESTATIONS AVEC LES JUGES SONT PARFOIS PASSIONNÉES, MAIS, DANS L'ENSEMBLE, TOUT SE JOUE DANS LA BONNE HUMEUR ET LES ADVERSAIRES SE SALUENT ET SE FÉLICITENT MUTUELLEMENT. LES CANAUX DU LANGUEDOC FOURNISSENT UN SITE IDÉAL. A SÈTE, LA TRADITION DES JOUTES REMONTE À L'INAUGURATION DU PORT EN 1666.

LA VIE DES RÉGIONS LITTORALES FRANÇAISES A CONNU DE NOMBREUX CHANGEMENTS AU COURS DES DEUX CENTS DERNIÈRES ANNÉES. ON TROUVE AUSSI BIEN DES STATIONS ESTIVALES DOTÉES D'ÉTOILES, À CLIENTÈLE CHIC ET DES TRADITIONS ET COUTUMES QUI

DEAUVILLE

REMONTENT AU MOYEN AGE, OU AU-DELÀ, ET QUI PERSISTENT. IL Y A DE LA SOPHISTICATION ET DE LA SIMPLICITÉ ; ON PEUT TROUVER TOUT CE QU'ON DÉSIRE. AMIS ET FAMILLES SE RETROUVENT AU BORD DE LA MER, ÉTÉ APRÈS ÉTÉ. ILS SE PROMÈNENT ET JOUENT, ILS BAVARDENT OU ADMIRENT LE PAYSAGE. CHAQUE RÉGION CÔTIÈRE A SON IDENTITÉ PROPRE ET NOUS ALLONS MAINTENANT DÉCOUVRIR LES PLAISIRS QUE CHACUNE D'ELLE PEUT NOUS OFFRIR.

ST. TROPEZ

ETRETAT

NORMANDIE, NORD PAS-DE-CALAIS

J'aimais aussi, et c'est un de mes plus tendres et délicieux souvenirs, à regarder la mer, les vagues mousser l'une sur l'autre, la lame se briser en écume, s'étendre sur la plage et crier en se retirant sur les cailloux et les coquilles. Je courais sur les roches, je prenais le sable de l'océan que je laissais s'écouler au vent entre mes doigts, je mouillais des varechs et j'aspirais à pleine poitrine cet air salé et frais de l'océan qui vous pénètre l'âme de tant d'énergie, de poétiques et larges pensées ; je regardais l'immensité, l'espace, l'infini, et mon âme s'abîmait devant cet horizon sans bornes.

— Flaubert (Mémoires d'un Fou)

C'EST EN DÉBARQUANT SUR LES RIVAGES DU NORD, QUE MAINTS VOYAGEURS, AMIS, MAIS AUSSI ENNEMIS, ONT DÉCOUVERT LA FRANCE. NORMAND VIENT DE NORSEMEN (LES HOMMES DU NORD), CES ENVAHISSEURS SCANDINAVES DONT LES INCURSIONS RÉGULIÈRES MIRENT LA NORMANDIE À FEU ET À SANG PENDANT TOUT LE IXE SIÈCLE. DANS L'ESPOIR DE METTRE UN TERME AUX VIOLS ET AUX PILLAGES, CHARLES LE SIMPLE, EN 911, REMIT SES TERRES AU FILS D'UN COMTE NORVÉGIEN, ROLF, DIT PLUS TARD ROLLO, QUI AVAIT ÉTÉ CHASSÉ DE SON PAYS NATAL POUR AVOIR VOLÉ DU BÉTAIL À SON ROI.

IL EST FRÉQUENT, DANS LE COURS DE L'HISTOIRE DE VOIR LES CONQUÉRANTS IMPOSER LEUR CULTURE AUX PEUPLES QU'ILS VIENNENT DE VAINCRE. CE FUT L'INVERSE EN NORMANDIE. LES PREMIERS ENVAHISSEURS SCANDINAVES ADOPTÈRENT EN FAIT LE STYLE DE VIE DES POPULATIONS QU'ILS AVAIENT CONQUISES. ILS SE DÉTOURNÈRENT DE LEURS IDOLES PAÏENNES POUR EMBRASSER LE CHRISTIANISME ET CHOISIRENT DE PARLER FRANÇAIS PLUTÔT QUE LEUR PROPRE LANGUE. ILS FIRENT APPLIQUER LES LOIS LOCALES ET, AVANT LONGTEMPS, ILS COMBATTAIENT AUX CÔTÉS DE CEUX QU'ILS AVAIENT SOUMIS POUR REPOUSSER LES RAIDS CONTINUELS DE LEURS ANCIENS COMPATRIOTES, LES VIKINGS. LES CHEVEUX BLONDS ET LES YEUX BLEUS DE LEURS DESCENDANTS TÉMOIGNENT DE L'HÉRITAGE QU'ILS ONT LAISSÉ, DE MÊME QUE L'ASPECT DE NOMBREUSES FERMES, QUI AFFECTENT LA FORME INVERSÉE D'UN DRAKKAR DONT LA PROUE FAIT FACE AU VENT D'OUEST POUR MIEUX LUI RÉSISTER.

AU COURS DES SIÈCLES SUIVANTS, LES ANGLAIS, D'INVASIONS EN MIGRATIONS, ONT SANS DOUTE MARQUÉ PLUS PROFONDÉMENT ENCORE LES GOÛTS ET LES VALEURS NORMANDES. ON LE DEVINE À L'AMOUR QUE MONTRE TOUT NORMAND POUR SA MAISON, SA FERME OU SON MANOIR, ET À L'IMPORTANCE QU'IL ACCORDE À SON JARDIN. LA CAMPAGNE EST COQUETTE ET BIEN ENTRETENUE, LE PAYSAGE D'UNE VERDEUR LUXURIANTE. DES VACHES PAISSENT NONCHALAMMENT SUR LES COLLINES ONDULANTES QUI DESCENDENT JUSQU'À LA MER OU SE TERMINENT EN FALAISES ABRUPTES. LES PETITES VILLES ET LES PORTS, AU CHARME DÉSUET, SEMBLENT TOUT DROIT SORTIS DE CONTES DE FÉES.

LES NORMANDS AIMENT LES CHOSES BELLES ET ONT À CŒUR DE LES CULTIVER. ILS APPRÉCIENT LA BONNE VIE ET LES PLAISIRS QUE PROCURE LA RICHESSE. UNE DE LEURS PRIÈRES DIT D'AILLEURS :

NORMANDIE
NORD PAS-DE-CALAIS

'SEIGNEUR, JE NE TE DEMANDE PAS DE ME RENDRE RICHE, PERMETS-MOI SEULEMENT DE CÔTOYER CEUX QUI LE SONT... ET JE M'OCCUPERAI DU RESTE.'

LE NORMAND PASSE POUR ÊTRE PROCÉDURIER, SÛR DE LUI ET RUSÉ. L'EXPRESSION 'TÊTU COMME UN NORMAND' EXPRIME BIEN SON OPINIÂTRETÉ. IL EST À L'AISE DANS LES NÉGOCIATIONS ET LE COMMERCE. MAIS LA RÉPONSE TYPIQUEMENT NORMANDE 'PT'ÊT' BEN QU'OUI, PT'ÊT' BEN QU'NON' EN A DÉCONCERTÉ PLUS D'UN PAR SON AMBIGUÏTÉ.

EN 1858, LE RÉVÉREND PÈRE MICHEL POSA UNE ÉNIGME AUX RESPONSABLES LOCAUX. IL ÉTAIT VENU À ETRETAT POUR Y PRÊCHER LA BONNE PAROLE AVEC SES DISCIPLES. FIT-IL PREUVE DE RUSE OU FUT-IL RÉELLEMENT INSPIRÉ, TOUJOURS EST-IL QUE, LE LENDEMAIN DE SON DÉPART, UN PÊCHEUR DÉCOUVRIT UN PAPIER GRIFFONNÉ QUI PENDAIT D'UN BUISSON, AU BORD DE LA FALAISE. INCAPABLE DE LE LIRE LUI-MÊME, IL L'APPORTA AUX AUTORITÉS DE LA VILLE. L'ÉTONNEMENT FUT GRAND D'Y TROUVER DES INSTRUCTIONS DONNÉES PAR LA VIERGE MARIE POUR L'ÉLÉVATION D'UNE CHAPELLE À L'ENDROIT OÙ LE MOT AVAIT ÉTÉ TROUVÉ. CERTAINS RESTÈRENT SCEPTIQUES, MAIS LES AUTRES ESTIMÈRENT PLUS PRUDENT D'ACCORDER FOI À L'INCIDENT ET RASSEMBLÈRENT VITE LES FONDS NÉCESSAIRES. C'EST AINSI QU'EN MOINS D'UN AN, NOTRE-DAME DE LA GARDE ÉTAIT TERMINÉE. LE RÉVÉREND FUT DE RETOUR POUR CÉLÉBRER LA CONSÉCRATION DE LA CHAPELLE.

SUR LA CÔTE D'ALBÂTRE, ON VIT UN JOUR S'ÉCHOUER UN RELIQUAIRE CONTENANT QUELQUES GOUTTES DU SANG DU CHRIST. L'UN DES PREMIERS DISCIPLES, JOSEPH D'ARIMATHIE, AVAIT ASSISTÉ À LA MISE AU TOMBEAU ET IL AVAIT DONNÉ UN PEU DU SANG DE JÉSUS (EN MÊME TEMPS QUE DES OBJETS AYANT SERVI À LA CRUCIFIXION), À SON NEVEU ISAAC. CELUI-CI LES AVAIENT CACHÉS DANS UN TRONC DE FIGUIER. MAIS À LA SUITE D'UN RÊVE PRÉMONITOIRE SUR UN 'DANGER ROMAIN', ISAAC ABATTIT L'ARBRE ET LE POUSSA SUR LA MER, AFIN QU'IL PUT TROUVER REFUGE AU LOIN. LES GOUTTES DU PRÉCIEUX SANG ARRIVÈRENT AINSI À FÉCAMP, OÙ ELLES SONT DEMEURÉES DEPUIS EN LIEU SÛR. PENDANT LA RÉVOLUTION, PAR SÉCURITÉ, LES MOINES LES ENTERRÈRENT, ET TOUT DANGER PASSÉ, VOULURENT LES DÉTERRER; MAIS, À LEUR GRANDE SURPRISE, ET À L'ENDROIT MÊME, UNE FONTAINE AVAIT JAILLI. ON TROUVE AINSI, À TRAVERS TOUTE LA FRANCE, DES FONTAINES MIRACULEUSES ASSOCIÉES À DES SAINTS ET CELLE DE FÉCAMP CONTINUE À GUÉRIR LES PERSONNES QUI SOUFFRENT DE TROUBLES OCULAIRES. LA VILLE FUT AUSSI RENDUE CÉLÈBRE PAR LES BÉNÉDICTINS QUI Y AVAIENT FONDÉ UN COUVENT. EN 1510, FRÈRE VINCELLI, EN COMBINANT VINGT SEPT HERBES ET AROMATES QU'IL AVAIT CUEILLIS DANS LES BOIS ENVIRONNANTS, CONCOCTA SA FAMEUSE LIQUEUR 'BÉNÉDICTINE', QUI RESTE UN AGRÉABLE PLAISIR DU SOIR.

MAINTS RELIGIEUX ONT CHOISI CES RIVAGES DÉSERTIQUES DU NORD POUR S'Y ADONNER À LEURS PRATIQUES SOLITAIRES DE MÉDITATION OU DE CONTEMPLATION. AINSI, AU VIIÈ SIÈCLE, SAINT ELOI, L'UN DES SAINTS PATRONS DES PÉCHEURS, S'ÉTABLIT EN ERMITE DANS LES DUNES. COMME GAGE DE SA FOI, EN CES LIEUX DÉSOLÉS, IL BÂTIT UNE CHAPELLE. L'ORIGINE ET LE NOM DE LA VILLE DE DUNKERQUE VIENNENT DE CETTE ÉGLISE DANS LES DUNES, DUIN-KERKEN, EN FLAMAND. LÀ OÙ IL N'Y AVAIT D'ABORD QUE LE SABLE ET LA MER, UNE VILLE APPARUT, AVEC SON PORT DE PÊCHE, ET NE CESSA DE S'AGRANDIR AU FUR ET À MESURE DU RETRAIT DES EAUX. AUJOURD'HUI, SUR LES GRÈVES DE DUNKERQUE, DES PÊCHEUSES ET AUSSI DE JEUNES MOUSSES, QU'ON APPELLE 'LES PÈQUERESSES', VIENNENT POSER LEURS FILETS. ILS VONT LES RELEVER À BASSE MER, REMPLIS PAR LA MARÉE DU POISSON QU'ILS VENDRONT LE LENDEMAIN, SUR LE MARCHÉ LOCAL.

MAIS LA CÔTE N'ABONDE PAS SEULEMENT EN POISSONS. AUTREFOIS, LES FEMMES ET LES ENFANTS PARCOURAIENT LES PLAGES À LA RECHERCHE DE PETITS ÉCLATS DE VERRE. AUJOURD'HUI, LES 'VERROTIÈRES' SONT SURTOUT DES VEUVES, QUI NE PEUVENT TRAVAILLER QUE QUAND LA MER EST BASSE. ET SI C'EST LA NUIT, ELLES S'ÉCLAIRENT À LA LANTERNE. LES FRAGMENTS DE

VERRE SERVIRONT À FAIRE DES APPÂTS POUR LA PÈCHE. UNE AUTRE COLLECTE EST CELLE DES GALETS DITS 'SILEX DE MER'. ILS SONT UTILISÉS DANS LA CONSTRUCTION DES MAISONS ET ON NE LES TROUVE QUE DANS LES ENVIRONS DU TRÉPORT. SUR L'ÉCHELLE DE DURETÉ, OÙ LE DIAMANT, LA PLUS DURE DES PIERRES, ATTEINT 10, LE SILEX NOIR EST NOTÉ 7,5, PLUS DUR QUE LE GRANIT, QUI EST À 7.

LA PÊCHE, SOUS TOUTE SES FORMES, A TOUJOURS ÉTÉ LA PRINCIPALE ACTIVITÉ DES GENS DE LA CÔTE LES HOMMES SONT PARFOIS ABSENTS PENDANT DES MOIS, LEUR RETOUR PRÉVU POUR L'AUTOMNE. NAGUÈRE, LES FEMMES SE RASSEMBLAIENT SUR LE PORT ET TRICOTAIENT EN ATTENDANT LE RETOUR DES BATEAUX. A YPORT, ELLES AVAIENT POUR COUTUME DE CONFECTIONNER DES COLLIERS EN COQUILLAGES QUI, PENSAIENT-ELLES, PROTÉGERAIENT LEURS ENFANTS DU MAUVAIS SORT. MAIS LA CONSTANTE INCERTITUDE QUANT AU RETOUR DES HOMMES, LAISSAIT TOUJOURS PESER INQUIÉTUDE ET APPRÉHENSION.

LES GENS DE MER SONT TRÈS CROYANTS. CE QUI SOUTIENT LES HOMMES, QUAND ILS SONT LOIN AU LARGE, ET PRIS DANS LA TEMPÊTE, C'EST LEUR FOI. ON DIT QU'IL N'EST PIRE SOLITUDE QUE CELLE DES MARINS PERDUS EN MER. PERSONNE NE PARLE À BORD, CHACUN RENTRE EN SOI-MÊME ET PRIE INTÉRIEUREMENT. QUAND, PAR CHANCE, ILS ONT PU SURMONTER LA TEMPÊTE ET REVENIR AU PORT, LES PÊCHEURS RESTENT MUETS SUR LES MOMENTS D'INTENSE ANGOISSE QU'ILS ONT VÉCUS.

UN BON PÊCHEUR PEUT BIEN S'ENORGUEILLIR DE SAVOIR DOMINER LA NATURE ET LA MER. MAIS S'IL EST SAGE, IL ADMETTRA TOUJOURS AVEC HUMILITÉ COMBIEN IL RESTE PETIT ET FRAGILE FACE À LA TERRIBLE PUISSANCE DES ÉLÉMENTS. AVEC UN VENT QUI SOUFFLE À PLUS DE CINQUANTE KM PENDANT AU MOINS QUATRE-VINGT JOURS PAR AN, LES HABITANTS DU NORD, PAS-DE-CALAIS ONT NOMMÉ LEUR RÉGION LE 'PAYS DU VENT'. QUAND CELUI-CI SOUFFLE DE L'OUEST, LE SOLEIL BRILLE, L'AIR EST D'UNE CLARTÉ ADMIRABLE. SI SE LÈVE LE 'VENT DE NOROÎT', QUI VIENT DU NORD-OUEST, LA MER SE CREUSE, LA SURFACE DE L'EAU DEVIENT BLANCHE, LA TRANSPARENCE VERTE DES DÉFERLANTES SE PARE D'UNE TOUCHE DE GRIS; C'EST CE QUI A DONNÉ SON NOM À CETTE CÔTE : LA CÔTE D'OPALE.

IL Y A QUELQUE CHOSE DE MÉLANCOLIQUE DANS LE CLIMAT DE LA RÉGION QUI IMPRÈGNE LE PAYSAGE, COMME D'AILLEURS LE CÔTÉ FLAMAND DU TEMPÉRAMENT DES GENS DU NORD. POUR ATTÉNUER LA MONOTONIE AMBIANTE, ET S'ACCORDER QUELQUES FANTAISIES, LA POPULATION ORGANISE DES FÊTES, OÙ L'ON CÉLÈBRE CES COMPAGNONS PLUS GRANDS QUE NATURE QUE SONT LES 'GÉANTS'. FANTASQUES, OPTIMISTES ET GAIS, CES GÉANTS FONT PARTIE DES TRADITIONS RELIGIEUSES DEPUIS LE MOYEN ÂGE. SOIT QU'IL PERSONNIFIE UN HÉROS DE LA VILLE, UN ENVAHISSEUR VIKING OU UN PIRATE REPENTI, LE GÉANT A DROIT AU BAPTÊME, CIVIL ET RELIGIEUX. S'ENSUIVENT MARIAGES ET NAISSANCES. LA FAMILLE DU GÉANT EST PROTÉGÉE PAR DES CHEVAUX ET DES GARDES GÉANTS ET TOUT CE MONDE PARADE PENDANT LES FÊTES QUI S'ÉCHELONNENT TOUT AU LONG DE L'ANNÉE. CES PERSONNAGES ÉTAIENT DEVENUS SI RÉELS POUR LA POPULATION, QUE BEAUCOUP D'ENTRE EUX FURENT DÉCAPITÉS À LA RÉVOLUTION ! LA TRADITION FUT REPRISE VERS 1800, AVEC DE NOUVELLES CRÉATIONS ET BIEN SÛR DE NOUVEAUX BAPTÊMES.

PLUS BAS VERS LE SUD, SUR LA PARTIE OUEST DE LA CÔTE NORMANDE, LE VENT SE DÉCHAÎNE PARFOIS FURIEUSEMENT. LES FALAISES ABRUPTES ET LES COLLINES COUVERTES DE BUISSONS ÉPINEUX EXHALENT MYSTÈRE ET MAGIE, LE VENT JOUE AVEC LES LUTINS LE LONG DE LA PÉNINSULE DU COTENTIN. LES POMMIERS SONT COUVERTS DE LEUR HÔTE PARASITE, LE GUI, UTILISÉ JADIS DANS LES RITES DRUIDIQUES DE FERTILITÉ ET SYMBOLE DE BONHEUR FAMILIAL. LA COUTUME FUT ENSUITE D'EMBRASSER SON PROMIS SOUS L'UN DE SES RAMEAUX POUR ATTIRER LA CHANCE, ET AUJOURD'HUI, C'EST DEVENU UN SIMPLE JEU D'EMBRASSER QUI L'ON VEUT SOUS LE BOUQUET PORTE BONHEUR.

AU NEZ DE JOBOURG, ON PEUT VOIR UNE PIERRE OBLONGUE, QUI PASSE POUR ÊTRE LE DERNIER DES DRUIDES. ALORS QUE TOUS SES COMPAGNONS S'ÉTAIENT CONVERTIS AU CHRISTIANISME, LUI TENAIT BON. UN JOUR QU'IL ÉTAIT ASSIS À REGARDER LA

MER, IL APERÇUT UN BATEAU EN DANGER. IL SE MIT À PRIER SES DIEUX, MAIS EN VAIN. IL SUPPLIA ALORS LE DIEU CHRÉTIEN DONT IL AVAIT ENTENDU PARLER : LE BATEAU FUT SAUVÉ. LA ROCHE DE 'L'HOMME PÉTRIFIÉ' PORTE TÉMOIGNAGE DE SA CONVERSION.

DÉJÀ CONVERTI, MAIS CHERCHANT ENCORE DE TANGIBLES PREUVES, SAINT AUBERT, ÉVÊQUE D'AVRANCHES, VIT EN RÊVE L'ARCHANGE SAINT MICHEL QUI LUI DEMANDAIT DE BÂTIR UN MONUMENT À SON NOM. L'ÉVÊQUE ATTRIBUA SA VISION AU MALIN MAIS SAINT MICHEL LUI APPARUT ENCORE, ACCOMPAGNANT CETTE FOIS SA REQUÊTE D'UN 'DOIGT DE FEU', QUI S'IMPRIMA EN CREUX AU-DESSUS DE L'OREILLE DROITE DE L'ÉVÊQUE (ON PEUT VOIR CE TROU SUR LE CRÂNE EXPOSÉ DANS L'ÉGLISE SAINT GERVAIS, À AVRANCHES). CETTE FOIS, L'ÉVÊQUE SE PLIA À LA REQUÊTE DU SAINT. D'AUTRES VISIONS INDIQUÈRENT À SAINT AUBERT OÙ IL DEVAIT COMMENCER LA CONSTRUCTION (LÀ OÙ UN TAUREAU AVAIT PIÉTINÉ LE SOL) ET COMMENT S'Y PRENDRE POUR DÉPLACER UN ÉNORME ROCHER QUE PLUSIEURS HOMMES NE POUVAIENT FAIRE BOUGER (EN L'EFFLEURANT DU PIED D'UN BÉBÉ). AFIN D'AMENER L'EAU AU MONT QUI ÉTAIT ALORS ENTOURÉ PAR LA FORÊT DE SCISSY, LE SAINT FRAPPA LE SOL DE SA CROIX. L'EAU COMMENÇA À SOURDRE... PUIS CONTINUA DE COULER, SI BIEN QUE LA FORÊT FUT BIENTÔT ENGLOUTIE. LE MONT SAINT MICHEL ÉTAIT MAINTENANT ISOLÉ, PLUS OUVERT À LA MER ET MOINS ACCESSIBLE À L'HOMME. LA TRAÎTRISE DES MARÉES, DES BRUMES ET DES SABLES MOUVANTS SAUVEGARDÈRENT L'ABBAYE DE LA CRAINTE DE TOUTE INVASION. MAIS CE SONT CES MÊMES ÉLÉMENTS QUI S'ACHARNÈRENT SUR LE SOBRE ET SINCÈRE PÈLERIN. ON DIT QUE SAINT MICHEL JAUGEAIT LES MÉRITES DES VOYAGEURS QUI S'APPROCHAIENT DU MONT ET LES SAUVAIT OU LES NOYAIT SELON CE QU'IL AVAIT TROUVÉ. UN PROVERBE MÉDIÉVAL DISAIT MÊME : 'AVANT D'ALLER AU MONT, FAIS TON TESTAMENT.'

BIEN QUE DEPUIS LORS, L'HOMME AIT CONQUIS L'ACCÈS AU MONT SAINT MICHEL, IL NE SERA JAMAIS CAPABLE DE DOMINER LES FORCES NATURELLES QUI RÉGISSENT LA BAIE. LES SABLES MOUVANTS SONT TOUJOURS PRÊTS À ENGLOUTIR LEUR PROIE, LES BROUILLARDS DU PRINTEMPS ET DE L'AUTOMNE TOUJOURS AUSSI IMPÉNÉTRABLES. AUJOURD'HUI, LE MONT SAINT MICHEL, QUI S'EXHAUSSE LENTEMENT, N'EST PLUS BAIGNÉ PAR LA MER QUE PENDANT CINQ JOURS TOUTES LES DEUX SEMAINES. MAIS LES MARÉES SONT TOUJOURS AUSSI TRAÎTRES, PARTICULIÈREMENT LES GRANDS FLUX D'ÉQUINOXE, QUAND LA DIFFÉRENCE ENTRE LES HAUTEURS D'EAU ATTEIND JUSQU'À QUINZE MÈTRES, L'UN DES PLUS HAUTS COEFFICIENTS EN FRANCE. BIEN QU'ELLE PUISSE ÊTRE DANGEREUSE, LA MARÉE HAUTE EST TENUE POUR PROPICE, MOMENT DE BONNE AUGURE ET DE PLÉNITUDE; QUANT À LA MARÉE BASSE, À CAUSE DE LA MENACE DE SES SABLES MOUVANTS, ELLE PASSE POUR INQUIÉTANTE. LA PÉNINSULE DU COTENTIN, FAISANT OBSTACLE AUX COURANTS DE MARÉES, ENTRAÎNE UN RETARD QUI PEUT ALLER JUSQU'À HUIT HEURES. LORSQUE LE FLOT, DE TOUTES SES FORCES LONGTEMPS CONTENUES, SE PRÉCIPITE ENFIN SUR LA CÔTE, C'EST 'À LA VITESSE D'UN CHEVAL AU GALOP', (ENVIRON TRENTE KILOMÈTRES À L'HEURE). ET SI, DE NOS JOURS, SAINT MICHEL SE MONTRE MOINS EXIGEANT QUANT À CEUX QU'IL LAISSE ATTEINDRE LE MONT, LES VISITEURS FERAIENT QUAND MÊME BIEN D'ACCORDER FOI À CES MYSTÈRES, S'ILS VEULENT COMPRENDRE LES MERVEILLES DU SITE.

LE PAYSAGE DE CE LITTORAL NORDIQUE ONDULE DOUCEMENT SOUS SES DUNES, SES COLLINES, SES BOSQUETS. LA MER SE BRISE SUR LES FALAISES MAJESTUEUSE, À LA BLANCHEUR DE CRAIE, QUI FONT PENDANT À CELLES DE DOUVRES, EN ANGLETERRE. ET TANDIS QUE LE SOLEIL SE FAUFILE À TRAVERS LES BOURGEONNANTS NUAGES, IL EMBRASE SOUDAIN ET LA MER ET LE ROC. LORSQU'AU XIXE SIÈCLE, LES ARTISTES DÉCIDAIENT DE PEINDRE EN EXTÉRIEUR, ILS VENAIENT INSTALLER LEUR CHEVALET SUR LA CÔTE FLEURIE, AU MILIEU DES OMBRELLES COLORÉES, OU SUR LA CÔTE D'OPALE, PARMI LES CABINES DE PLAGE. FLÂNANT LE LONG DES GRÈVES, À DIEPPE, OU REGARDANT LE SOLEIL SE COUCHER DANS LA MER, À ÉTRETAT, NOUS VOICI TRANSPORTÉS DANS LES TABLEAUX DE BARBIZON OU DES PREMIERS IMPRESSIONNISTES.

MERS-LES-BAINS

AGON-COUTAINVILLE

CAP GRIS-NEZ

CÔTE D'OPALE

LA HAGUE

NEZ DE JOBOURG

LA CÔTE ALBATRE

LA SLACK

BOIS DE CISE

LE PETIT DAHL

DIVES-SUR-MER

HONFLEUR

LE TREPORT

GRANVILLE

CHERBOURG

LE DE CHAUSEY

LE PORTEL

DIEPPE

BARFLEUR

DEAUVILLE

TROUVILLE

HONFLEUR

BLONVILLE-SUR-MER

HOULGATE

TROUVILLE

DUNKERQUE

TROUVILLE

VEULES-LES-ROSES

VEULES-LES-ROSES

VARANGEVILLE

ST. VALERY-SUR-SOMME

PORTBAIL

ARROMANCHES-LES-BAINS

AULT-ONIVAL

BERCK-SUR-MER

OUISTREHAM-RIVA-BELLA

CAYEUX-SUR-MER

CAP BLANC-NEZ

VAUVILLE

AULT-ONIVAL

OMAHA BEACH

ZUYDCOOTE

BAIE MONT ST. MICHEL

AUDERVILLE

ETRETAT

MT. ST. MICHEL

CÔTE DE GRANIT ROSE

BRETAGNE

Dites à la mer toutes mes tendresses pour elle.
Dites-lui que je suis né au milieu des flots, qu'elle a vu mes premiers jours, nourri mes premières passions et mes premiers orages... que je l'aimerai jusqu'au dernier jour. — Chateaubriand

Le Breton est né, dit-on, avec de l'eau de mer qui lui coule dans les veines. Dans cette contrée, dont le premier nom fut Armor — le pays de la mer — celle-ci est en effet omniprésente. Elle peut se retirer si loin qu'elle en disparaît au regard, mais elle reparaîtra toujours, inexorablement. La France possède la plus longue façade maritime de toute l'Europe. La Bretagne à elle seule, bordée sur trois côtés par la mer, représente presque un tiers du littoral français. Les Bretons n'ont d'autre choix que de vivre en harmonie avec la mer. Beaucoup vivent par elle, beaucoup aussi en meurent.

La mer sera toujours pour l'homme une force incontrôlable. De même en est-il du climat. Contrairement à sa réputation de pays pluvieux, la Bretagne peut enregistrer annuellement une moindre quantité de pluie que la Côte d'Azur. C'est néanmoins une contrée humide, au ciel imprévisible. Souvent s'effiloche une brume; parfois c'est un brouillard impénétrable qui oblitère l'horizon. Il y a en Bretagne une lumière mélancolique, dont la palette comprend toutes les teintes du bleu, du vert et du gris. Le vent, qui peut amener le soleil, ou le reprendre, peut aussi être assez violent pour renverser les arbres et les maisons et dans sa furie, faire sombrer les bateaux. Ces éléments naturels ont trempé le caractère des Bretons et se retrouvent dans leurs légendes.

Les Bretons gardent encore aujourd'hui, non sans fierté, un tempérament hérité de leurs origines celtiques. Tout comme leurs congénères Ecossais, Irlandais ou Gallois, ils sont solides, mais secrets et sensibles. Fervents dans leur foi, ils ont tout de suite adopté le christianisme, en y incorporant un grand nombre de leurs coutumes et de leurs dieux païens. L'addition de croix et sculptures aidèrent à assimiler les pierres rituelles du paganisme dans le culte chrétien. Les mystères de la terre et de la mer continuent à imprégner l'âme du Breton. C'est un mystique qui donne grande place à l'imaginaire et à la fatalité, ce que reflète sa croyance au surnaturel. On sait bien, ici, que les étoiles de mer sont l'incarnation des méchantes fées et que les bonnes sont devenues les étoiles dans les cieux. Sur terre aussi, dans les brouillards, il y a des fées qui jouent et dans les profondeurs de la mer, des fantômes qui attirent les passants, ou qui les guident parfois.

LA MORT IMMANENTE EXPLIQUE LES CROYANCES ET LES PEURS. LE MAÎTRE DE L'AU-DELÀ EST ANKOU. DÈS LEUR PLUS JEUNE ÂGE, LES ENFANTS SONT PRÉVENUS QUE, S'ILS NE SONT PAS SAGES, ANKOU, CE 'VOLEUR D'ÂMES', JETTERA SUR EUX SES SORTILÈGES INNOMBRABLES. DANS CETTE RÉGION DE MARINS ET DE PÊCHEURS, LA TERREUR DE PÉRIR EN MER EST LATENTE. RARES SONT LES FAMILLES BRETONNES ÉPARGNÉES PAR UNE TELLE TRAGÉDIE. ET LA PLAINTE DÉCHIRANTE DE LA CORNE DE BRUME SUFFIT À VOUS FAIRE FROID DANS LE DOS.

A QUELQUES MILES À L'OUEST, DANS DES EAUX SOUVENT TRAÎTRES, L'ÎLE D'OUESSANT SE TIENT ENTRE LE DIABLE ET LES SAINTS. PARFOIS UN HOMME DISPARAÎT À LA MER SANS QUE SON CORPS SOIT JAMAIS RETROUVÉ. LORSQUE LA MÈRE ET L'ÉPOUSE ONT PERDU TOUT ESPOIR, ELLES ANNONCENT : 'IL Y AURA BROELLA, CE SOIR, EN NOTRE MAISON'. ELLES DRESSENT UNE TABLE DE CÉRÉMONIE ET COUCHENT SUR UNE COIFFE, UNE BOUGIE DE CIRE BLANCHE, SCULPTÉE EN FORME DE CROIX. TOUS LES ÎLIENS VIENNENT RENDRE HOMMAGES EN TREMPANT UNE BRANCHE DE LAURIER DANS DE L'EAU BÉNITE DONT ILS ASPERGENT LA CROIX. ILS PENSENT QUE CE GESTE AIDERA L'ÂME DU MORT À TROUVER LA PAIX. TOUS LES DIX ANS, CES CROIX DE CIRE, SYMBOLE DES DISPARUS, SONT TRANSPORTÉES EN PROCESSION AU CIMETIÈRE DE L'ÎLE, OÙ ELLES SONT DÉPOSÉES DANS UNE FOSSE COMMUNE.

TOUTE PROCHE EST L'ÎLE DE SEIN, OÙ LES FEMMES, DEPUIS 1917, CONTINUENT DE S'HABILLER DE NOIR ET DE PORTER LEURS COIFFES DE DEUIL. LES PERTES SÉVÈRES DUES AUX GUERRES ET LES DISPARITIONS FRÉQUENTES EN MER FONT QUE LA MORT N'EST JAMAIS LOIN.

LA BAIE DES TRÉPASSÉS EST AINSI NOMMÉE À CAUSE DU GRAND NOMBRE DE NOYÉS QUI VIENNENT S'ÉCHOUER SUR SES GRÈVES. CERTAINS PÊCHEURS PENSENT QU'IL VAUT MIEUX NE PAS SAVOIR NAGER CAR CELA NE FAIT QUE PROLONGER VOTRE AGONIE SI VOUS PASSEZ PAR-DESSUS BORD. DE LEUR FOLKLORE PAÏEN, ILS GARDENT AUSSI LA CROYANCE QUE DES FANTÔMES SONT PRÊTS À LES AIDER, QUE DES CLOCHES SE METTRONT À SONNER ET QUE DES LUMIÈRES APPARAÎTRONT POUR GUIDER LES MALHEUREUX NOYÉS VERS UN HAVRE DE PAIX ET DE PARDON AU FOND DES ABYSSES.

'SI TU VEUX APPRENDRE À PRIER, VAS-T-EN SUR LA MER' DIT UN PROVERBE BRETON. AVANT LE VINGTIÈME SIÈCLE, LES HOMMES NAVIGUAIENT À L'INSTINCT, S'AIDANT DU TEMPS, DE LA COULEUR DE L'EAU ET DU VOL DES OISEAUX. LES GARÇONS COMMENÇAIENT LEUR APPRENTISSAGE DÈS L'ÂGE DE ONZE ANS. A QUINZE ANS, ILS CONNAISSAIENT DÉJÀ BIEN LA MER, COMPRENAIENT SES MARÉES ET SES COURANTS ET COMMENT LOUVOYER ENTRE RÉCIFS ET BANCS DE SABLE. LES FILLES DU MÊME ÂGE PENSAIENT, ELLES AUSSI , À LEUR FUTUR, MAIS C'ÉTAIT À LEUR FUTUR PROMIS. ELLES POUVAIENT TOUJOURS SE TOURNER VERS LES NOMBREUSES FONTAINES QUE LES SAINTS ET LES FÉES RENDENT MIRACULEUSES, OU PEUT-ÊTRE VERS LES MENHIRS (MEN : PIERRE ; HIR : LARGE), POUR QUE LEURS VŒUX SOIENT EXAUCÉS.

LA THÉORIE LA PLUS COURANTE VEUT QUE LES MENHIRS, LEURS ALIGNEMENTS ET LES DOLMENS, REMONTENT À UNE DATE SITUÉE ENTRE 5000 ET 3000 AVANT J.C., PEUT-ÊTRE LE TRIBUT D'UNE RACE MÉDITERRANÉENNE QUI ADORAIT LA PUISSANCE DIVINE PERSONNIFIÉE PAR LE MENHIR. CERTAINS DE LEURS RITES PAÏENS, DE MÊME QUE LE POUVOIR DE GUÉRISON DES PIERRES, FURENT CERTAINEMENT EMPRUNTÉS, PUIS ADAPTÉS À LA VIE CELTIQUE. QUELQUES-UNES DE CES PRATIQUES CONTINUENT ENCORE DE NOS JOURS. LES PIERRES ATTIRÈRENT UN CULTE PHALLIQUE DE LA FERTILITÉ. LES COUPLES SANS ENFANT VENAIENT, LES NUITS DE PLEINE LUNE, SE POURSUIVRE EN COURANT AUTOUR DES PIERRES, ET FINISSAIENT PAR S'ACCOUPLER, LEURS PARENTS, À DISTANCE, FAISANT LE GUET POUR EUX. POUR UNE FEMME STÉRILE, ON PENSAIT QU'ALLER FROTTER SON VENTRE CONTRE UNE CERTAINE PIERRE CONSTITUAIT UN TRAITEMENT INFAILLIBLE. LE PREMIER MAI, LES JEUNES FILLES QUI VOULAIENT SE MARIER DANS L'ANNÉE ALLAIENT GLISSER, LES FESSES À L'AIR, LE LONG DU GRAND MENHIR BRIS. LES TROIS MILLE PIERRES ALIGNÉES D'EST EN

OUEST, À CARNAC, SUGGÈRENT UNE CONNEXION ASTROLOGIQUE. LES ONZE RANGÉES DÉFINISSENT DIX COULOIRS, PEUT-ÊTRE LES 'DIX MANIÈRES SACRÉES' QU'AVAIENT LES PAÏENS DE CHANTER ET DE DANSER, TANDIS QU'ILS CONDUISAIENT LEURS VICTIMES, HUMAINES OU ANIMALES, VERS LES AUTELS SACRIFICIELS.

LES DOLMENS ÉTAIENT DES TOMBES CONTENANT LES OFFRANDES QUI SERAIENT UTILES AU DÉFUNT DANS SON VOYAGE VERS UNE AUTRE VIE. PARMI LES TRÉSORS EXCAVÉS, LES ARCHÉOLOGUES ONT TROUVÉ DES OUTILS ET DES FERS DE HACHES ORNEMENTAUX, DES COLLIERS, DES POTERIES, DES COUTEAUX ET DES CORNES, CES DEUX DERNIERS OBJETS SEMBLANT CONFIRMER L'EXISTENCE DE RITES SACRIFICIELS. LES GRANDS CHEFS PAÏENS, APRÈS LEUR DÉCÈS, ÉTAIENT PORTÉS JUSQU'AU LIEU SACRÉ DE LA MISE EN TERRE PAR DEUX BŒUFS QUI ÉTAIENT ENSUITE OFFERTS EN SACRIFICE. QUELQUES-UNS DE CES CHEFS DÉIFIÉS FURENT PLUS TARD INCORPORÉS DANS LE FOLKLORE CHRÉTIEN BRETON.

SAINT CORNÉLY, AUJOURD'HUI PATRON DES BÊTES À CORNES, EST PEUT-ÊTRE L'UN DE CES GRANDS CHEFS. DANS UNE LÉGENDE, IL APPARAÎT COMME UN PAPE, CHASSÉ DE ROME PENDANT LES PERSÉCUTIONS DE L'EMPEREUR DECIUS. MONTÉ DANS UNE CHARRETTE TIRÉE PAR DEUX BŒUFS, IL RÉUSSIT À PARVENIR EN BRETAGNE. L'ARMÉE ROMAINE ÉTAIT DANS SON SILLAGE. QUAND ELLE APPARUT, LE SAINT TOMBA À GENOUX EN PRIÈRES ET, MIRACULEUSEMENT, L'ARMÉE FUT TRANSFORMÉE EN CES PIERRES QUI SE TROUVENT AUJOURD'HUI À CARNAC.

LES BRETONS SONT PASSIONNÉMENT RELIGIEUX. CE QU'ON PREND PARFOIS POUR DES TENDANCES CONSERVATRICES, N'EST QUE LEUR ADHÉSION TENACE À LEUR RELIGION ET À LEURS TRADITIONS. LES 'PARDONS' SONT UNE DÉMONSTRATION DE LEUR FOI, DANS LAQUELLE LE CROYANT QUÊTE L'ABSOLUTION POUR SES PÉCHÉS ET L'INDULGENCE POUR CEUX QU'IL VA SÛREMENT COMMETTRE. CE SONT DES PROCESSIONS QU'ON SUIT TOUJOURS À PIEDS, À L'ORIGINE AUTOUR DES FONTAINES DONT LES SAINTS, OU LES ESPRITS, AVAIENT BÉNI LES EAUX, ET QUI PEUVENT COUVRIR DES DISTANCES DE CINQ À DIX KILOMÈTRES.

SI LA COUTUME DE PORTER SES HABITS BRETONS TRADITIONNELS LE DIMANCHE ET LES JOURS DE MARCHÉ S'EST BIEN PERDUE, ON SORT ENCORE LES COSTUMES FOLKLORIQUES LORS DES PARDONS. LES FEMMES ET LES FILLES PORTENT LEURS COIFFES, CES COIFFURES DE DENTELLE SI CARACTÉRISTIQUES. POUR LES GARDER EN FORME, ELLES UTILISENT UN MÉLANGE D'AMIDONS FAITS DE BLÉ ET DE RIZ. IL FAUT COMPTER VINGT À TRENTE MINUTES POUR POSITIONNER LES COIFFES SUR LES TÊTES DE FAÇON À CE QU'ELLES PUISSENT RÉSISTER AU VENT, SANS PARLER DES TRAJETS EN BICYCLETTE. PARMI LES SOIXANTE-SIX VARIÉTÉS RÉGIONALES, L'UNE DES PLUS ÉTONNANTES EST LA COIFFE DES BIGOUDÈNES : ELLE ATTEINT LA HAUTEUR DE TRENTE-CINQ CENTIMÈTRES ! EN 1675, LORSQUE LES BIGOUDENS REFUSÈRENT DE PAYER LA 'TAXE SUR LE PAPIER TIMBRÉ', QUE VOULAIT IMPOSER LOUIS XIV, CELUI-CI ORDONNA DE DÉCAPITER LES CLOCHERS DE TOUTES LES ÉGLISES. LES FEMMES PROTESTÈRENT AUSSITÔT EN SURÉLEVANT LEURS COIFFES POUR EN FAIRE LE SYMBOLE DES CLOCHERS DISPARUS.

LES BRETONS SONT UN PEUPLE FIER QUI NE SUPPORTE PAS L'INJUSTICE, NI POUR EUX-MÊMES NI POUR LES AUTRES. SAINT YVES LE VÉRIT, PATRON DES JURISTES, FUT UN GRAND REDRESSEUR DE TORTS. DÉFENSEUR DES PAUVRES, IL FUT LE PREMIER À LEUR ACCORDER UNE REPRÉSENTATION LÉGALE. TOUS LES 19 MAI, LE PARDON DE SAINT YVES ATTIRE À TRÉGUIER, SA VILLE NATALE, DES HOMMES DE LOI ET D'ÉGLISE QUI VIENNENT D'EUROPE ET D'AMÉRIQUE POUR SE JOINDRE AUX DÉVOTS BRETONS.

LES BRETONS AFFECTIONNENT LEURS SAINTS ET LES INVOQUENT CONSTAMMENT AVEC DÉVOTION, POUR QU'ILS LES PROTÈGENT OU LES GUÉRISSENT (QU'IL S'AGISSE DE MALADIES GRAVES, DE BRÛLURES OU D'UNE CALVITIE). IL EN EXISTE AINSI ENVIRON CINQ CENTS QUI PEUVENT ÊTRE SOLLICITÉS, MÊME SI TOUS N'ONT PAS EU L'AVAL DU VATICAN. LE DOIGT DE SAINT JEAN BAPTISTE À DONNÉ SON NOM À LA VILLE OÙ IL EST CONSERVÉ : SAINT-JEAN-DU-DOIGT. PENDANT LE PARDON QUI SE TIENT LES 23 ET

24 juin, la phalange sacrée est promenée en procession et, plusieurs fois dans l'année, on la trempe dans la fontaine 'La Pompe', où les malades des yeux viennent profiter des vertus thérapeutiques de l'eau. Saint Cado était un prince anglais qui avait renoncé à son privilège pour se faire moine. Il vint s'établir en Bretagne dans un ermitage d'où il pouvait voir la mer par un trou percé dans le mur. C'est maintenant un lieu de pèlerinage pour les sourds qui viennent, chaque troisième dimanche de septembre, placer leur tête dans le trou, dans l'espoir d'être guéris. Saint Guirec est sollicité par les jeunes vierges qui cherchent un époux; Saint Onenne étant celui que vont implorer celles qui ont consommé leur union avant le mariage et dont la réputation doit être protégée.

Sainte Anne est la sainte patronne de la Bretagne. Pour la sauver d'un mari brutal, les anges l'avaient emportée à Nazareth, où elle donna naissance à Marie, mère de Jésus. Elle revint finir ses jours en Bretagne, où l'on dit que Jésus rendit visite à sa grand-mère. Ce fut alors qu'eut lieu le miracle de la fontaine de Sainte Anne la Palud. Sainte Anne continue à être chérie comme la 'grand-mère' du peuple breton.

Au Moyen Age avait lieu le pèlerinage de Tro Breiz (le Tour de Bretagne), en l'honneur des sept saints fondateurs bretons : Saint Corentin (Quimper), Saint Pol-Aurélien (St. Pol de Léon), Saint Tuguedal (Tréguier), Saint Patern, (Vannes), Saint Brieg (St. Brieuc), Saint Malo (St. Malo) et Saint Samson (Dol). Le trajet était d'environ cinq cent cinquante kilomètres et se faisait à pieds. On pouvait partir de n'importe quelle ville, à condition de les faire toutes. Bien des pèlerins étaient naïfs et se faisaient difficilement comprendre, sauf quand ils mendiaient le pain et le vin pour leur souper. En breton, pain se dit : bara et vin : guin, ce qui donna plus tard le mot 'baragouiner'.

La capitale bretonne du VIe siècle ne faisait pas partie du Tour. C'était une ville splendide et son nom était 'Is'. S'il se pouvait qu'une autre ville fut aussi belle, alors son nom breton devrait être 'Par Is'. Et pour bien des Bretons, c'est là l'origine du nom de la capitale du pays : Paris!

Le royaume d'Is était sis en baie de Douarnenez. Le roi Gradion gardait sur lui la clé d'or ouvrant la porte des digues qui protégeaient Is des assauts de l'océan. Le roi avait une fille, très belle, Dahut, qui se livrait à la débauche avec les autres citadins. Dieu envoya Saint Gwéole pour les sauver de la perdition, mais en vain. Il abandonna alors la ville au diable qui apparut sous la forme d'un séduisant jeune homme. Le malin séduisit facilement Dahut et lui suggéra de voler à son père la clé de la digue. A la marée montante, le diable ouvrit tout grand les portes et la mer inonda la ville. Saint Gwéole, de nouveau, fut chargé de réveiller et de sauver le roi; Gradion sauta sur son cheval et saisissant Dahut, l'assit derrière lui. Ordre lui fut donné de lâcher sa fille dissolue, mais il tint bon. Et la mer continuait de monter... Quand les eaux atteignirent le niveau des toits de sa ville bien-aimée, le roi se résolut à obéir à Dieu et lâcha la main de Dahut. Tandis qu'il s'enfuyait au galop, Is fut ensevelie sous l'assaut rugissant des vagues. Depuis ce jour, Dahut, devenue sirène, attire les hommes dans les abysses marins.

Il est des pêcheurs qui ont remonté dans leurs filets des restes de murs romains ou d'autres vestiges; il en est qui jurent qu'ils entendent sonner des cloches au fond de l'eau. Mystère et magie baignent le paysage de Bretagne. Le Breton voit les choses à travers sa propre sensibilité, il sait bien que dans l'imaginaire réside la vérité et que le réel se situe juste un peu au-delà, juste un peu plus en profondeur, que ce qu'on voit avec ses simples yeux.

BEG MEIL (BEG MEILH)

PERROS-HAMON

(KAMELED) CAMARET

DOUARNENEZ

PENMARC'H

BAIE DES TRÉPASSÉS (BAE AN ANAON)

(KONK-LEON) LE CONQUET

(DINARZH) DINARD

CÔTE D'EMERAUDE (AOD AN EMRODEZ)

(BEG AN DORCHENN) POINTE DE LA TORCHE

TREMAZAN

GUÉRANDE PENINSULA (GOURENEZ GWENRANN)

TREGASTEL (TREGASTELL)

(LOKTUDI) LOCTUDY

ST. POL-DE-LEON (KASTELL-PAOL)

(ENEZ-VAZ) ILE DE BATZ

CANCALE (KANKAVEN)

DOUARNENEZ

LE POULDU (AR POULDU)

(ENEZ-EUSA) ILE D'OUESSANT

PERROS-GUIREC (PERROS-GIREG)

ILE DE BRÉHAT (ENEZ-VRIAD)

(BENODED) BÉNODET

LE CROISIC (AR GROAZIG)

LE DOURDUFF

(SANT-MALOÙ) ST. MALO

GOLFE DU MORBIHAN (PLEG-MOR AR MOR-BIHAN)

(SANT-KAST) ST. CAST

(PENNESTIN) PÉNESTIN

MENEHAN

PLOUMANC'H

(LOKIREG) LOCQUIREC

ROSTUDEL

PORZ EVEN (PORZH-EVEN)

(HILION) HILLION

POINTE DU RAZ (BEG AR RAZ)

(KAB FREHEL) CAP FRÉHEL

BELLE ISLE

PIRIAC-SUR-MER (PENC'HERIEG)

(SANT KADO) ST. CADO

(BOPORZH) BEAUPORT

POINTE DU GROUIN (BEG AN TREIN)

(AOD AN ABERIOÙ) CÔTE DES ABERS

(KARNAG) CARNAC

DAOULAS

(AOD AN ABERIOU) CÔTE DES ABERS

PORT DU BEC

VENDEE, CHARENTE-MARITIME

> ...C'est aussi le coin du monde auquel je reste le plus fidèlement attaché, après en avoir aimé tant d'autres ; comme nulle part ailleurs, je m'y sens en paix, je m'y sens rafraîchi, retrempé de prime jeunesse et de vie neuve. C'est ma sainte Mecque à moi, ce petit coin là...
>
> La consécration définitive de ce lieu est venue, je crois, de mon métier de mer; de mes lointains voyages, de mes longs exils, pendant lesquels j'y ai repensé et l'ai revu avec amour.
>
> — Pierre Loti (Le Roman d'un Enfant)

POUR ATTEINDRE L'ATLANTIQUE OÙ ELLE SE JETTE, LA LOIRE, JAILLIE AU CŒUR DU MASSIF CENTRAL, COULE SES EAUX TRANQUILLES À TRAVERS LE PAYS. SON ESTUAIRE MARQUE LE PARTAGE ENTRE LES FAÇADES MARITIMES NORD ET SUD DE LA FRANCE. AU SUD, LE RIVAGE NE DRESSE PLUS CONTRE L'OCÉAN SES REMPARTS GRANDIOSES DE FALAISES ET DE ROCS. LA CÔTE EST OFFERTE À LA MER, EXPOSÉE À LA FOIS À SA BRUTALITÉ ET À SA GÉNÉROSITÉ.

SANS DOUTE EST-CE LE LITTORAL QUI A SUBI LE PLUS DE MODIFICATIONS PAR LES MARÉES ET LES TEMPÊTES. C'EST UNE CÔTE INSTABLE, EN PERPÉTUEL REMANIEMENT. IL Y A TOUT JUSTE QUATRE SIÈCLES, LE RAVISSANT PORT DE LA ROCHELLE, AUJOURD'HUI SI VIVANT, N'ÉTAIT QU'UN PLATEAU ROCHEUX ENTOURÉ DE MARAIS. ROCHEFORT ET NIORT, QUI SONT ACTUELLEMENT À SIX ET SOIXANTE KILOMÈTRES À L'INTÉRIEUR DES TERRES, ÉTAIENT AUTREFOIS LES PORTS PRINCIPAUX DE CETTE RÉGION CÔTIÈRE. MAIS LA MER APPORTE DU SABLE, LES TERRES GAGNENT SUR L'EAU, LE PAYSAGE CÔTIER EST SANS CESSE MODIFIÉ PAR LA FORMATION OU LA DISPARITION DE CHENAUX ET DE MARAIS. CES TERRES QUI PEUVENT SEMBLER ARIDES SONT EN RÉALITÉ PLUS RICHES DE SUBSTANCES ORGANIQUES QUE LE PLUS FERTILE DES CHAMP DE BLÉ.

LE BASSIN D'OLÉRON EST LE LIEU PRIVILÉGIÉ D'ÉLEVAGE DES HUÎTRES LES PLUS CONNUES EN EUROPE : LES HUÎTRES MARENNES-OLÉRON. SON HISTOIRE COMMENCE SOUS CÉSAR, QUAND LES GALLO-ROMAINS ENTASSAIENT DANS DES JARRES D'EAU DE MER LES HUÎTRES QU'ILS EXPÉDIAIENT À ROME PAR CHARROI RAPIDE. L'HUÎTRE PRÉSENTE UN ÉQUILIBRE PARFAIT ENTRE LES PROTÉINES, LES LIPIDES ET LES HYDRATES DE CARBONE; ELLE EST RICHE EN IODE, SUBSTANCE NÉCESSAIRE À NOTRE MÉTABOLISME. POURTANT, C'EST MOINS SA VALEUR NUTRITIVE QUE SA RÉPUTATION D'APHRODISIAQUE QUI LUI A TOUJOURS VALU UNE INDÉFECTIBLE POPULARITÉ. JADIS EN FRANCE, ELLE ÉTAIT UN LUXE QUE S'OFFRAIT VOLONTIERS LA COUR. VERSAILLES REÇUT AINSI PENDANT DES SIÈCLES, DES LIVRAISONS HEBDOMADAIRES DE CE COQUILLAGE.

SELON LES ESPÈCES, L'HUÎTRE PEUT METTRE DE DEUX À CINQ ANS POUR ARRIVER À SON PLEIN DÉVELOPPEMENT. SON EXTRÊME FRAGILITÉ NE LUI PERMET DE SUPPORTER NI LES ÉCARTS DANS LA

SALINITÉ OU LA TEMPÉRATURE DE L'EAU, NI LES VIOLENTS ORAGES, NI LE CHOC DES ÉPIDÉMIES BACTÉRIENNES ET DE LA POLLUTION. EXTRÊMEMENT VULNÉRABLE, L'HUÎTRE EST AUSSI SANS DÉFENSE CONTRE LES CRABES, LES ÉTOILES DE MER ET LES POISSONS PRÉDATEURS. LE CYCLE REPRODUCTIF S'ÉTALE SUR JUIN ET JUILLET : LES LARVES MICROSCOPIQUES QUI VIENNENT D'ÉCLORE — ET QUI SONT SOUVENT INVISIBLES À L'ŒIL NU AVANT LE PREMIER MOIS — COMMENCENT À NAGER AVEC LE COURANT, CHERCHANT UN ENDROIT OÙ S'ATTACHER. LES OSTRÉICULTEURS LEUR ONT PRÉPARÉ DES ARDOISES OU DES COQUILLES SAINT-JACQUES, DISPOSÉES SUR DES COLLECTEURS, DANS L'ESPOIR QU'ELLES VIENNENT S'Y FIXER. ELLES Y GROSSIRONT PENDANT ENVIRON DEUX ANS, PUIS ELLES SERONT PLACÉES DANS DES POCHES À MAILLE PLASTIQUE DISPOSÉES SUR LES TABLES DES PARCS À HUÎTRES. LÀ, ELLES SERONT NOURRIES PAR LES ALGUES ET LE PLANCTON APPORTÉS PAR CHAQUE MARÉE. LES PARCS DOIVENT ÊTRE D'UNE JUSTE HAUTEUR : ASSEZ BAS POUR QUE LA MER LES BAIGNE RÉGULIÈREMENT, MAIS ASSEZ HAUTS POUR EMPÊCHER LES CRABES DE LES ATTEINDRE.

L'HUÎTRE PLATE DE L'ÉPOQUE GALLO-ROMAINE EXISTE ENCORE SUR LES BANCS DE SABLE DU BASSIN ET C'EST L'ESPÈCE LA PLUS FRAGILE. IL LUI FAUT QUATRE À CINQ ANS POUR ARRIVER À MATURATION ET SON GOÛT EST UN PEU PLUS FIN QUE CELUI DES AUTRES ESPÈCES. L'HUÎTRE CREUSE, QUI SE FIXE SUR DES ARÊTES ROCHEUSES, FUT INTRODUITE PAR HASARD VERS 1870, LORSQU'UN CARGO QUI TRANSPORTAIT DES HUÎTRES EN BRETAGNE DUT S'ABRITER DE LA TEMPÊTE DANS L'EMBOUCHURE DE LA CHARENTE. L'ÉQUIPAGE, ESTIMANT LA CARGAISON GÂTÉE, LA JETA PAR DESSUS BORD. ROULÉES PAR LA HOULE ET AU GRÉ DES COURANTS, LES HUÎTRES FURENT EMPORTÉES JUSQU'AUX ESTUAIRES DE LA SEUDRE ET DE LA GIRONDE, ET MÊME PLUS SUD, JUSQU'À SOULAC ET ARCACHON.

L'HISTOIRE DE LA MYTILICULTURE (ÉLEVAGE DES MOULES) REMONTE, ELLE, AU XIIIE SIÈCLE. ON ATTRIBUE SON INVENTION À UN CAPITAINE IRLANDAIS, PATRICK WATON QUI, AYANT FAIT NAUFRAGE SUR LA CÔTE DÉSERTE DE LA BAIE D'AIGUILLON, RÉSOLUT DE SE NOURRIR EN CAPTURANT DES OISEAUX DE MER DANS DES FILETS AÉRIENS INSTALLÉS SUR L'ESTRAN. IL FUT EN FAIT PLUS CHANCEUX SOUS LA MER, DES QUANTITÉ DE MOULES ÉTANT VENUES SE FIXER SUR LES PIEUX QUI SOUTENAIENT LES FILETS. MIS AU POINT QUELQUES SIÈCLES PLUS TARD, L'ÉLEVAGE MODERNE DES MOULES PERMET AUJOURD'HUI À LA BAIE D'AIGUILLON DE SE PLACER PREMIER PRODUCTEUR NATIONAL. MOULES ET HUÎTRES DOIVENT NÉANMOINS ÊTRE ÉLEVÉES SÉPARÉMENT, CAR LEUR SYSTÈMES BIOLOGIQUES SONT INCOMPATIBLES.

LES ESCARGOTS DE MER CONSTITUENT ÉGALEMENT UN METS FAVORI DE CETTE RÉGION PRIVILÉGIÉE. ON Y PÈCHE LES BIGORNEAUX, LES BULOTS ET LES LITTORINES SUR LES ESCARPEMENTS ROCHEUX DU LITTORAL. MAIS ON RAMASSE AUSSI, APRÈS LA PLUIE, LES ESCARGOTS DE JARDIN, DITS 'CAGOUILLES', DÉLICIEUX AU DÉJEUNER. LES ESCARGOTS PASSENT POUR PORTER BONHEUR ET SONT SOUVENT SERVIS AU REPAS DE NOËL DANS L'ESPOIR QUE L'ANNÉE À VENIR SOIT PROSPÈRE.

UNIQUES À LA VENDÉE ET À LA CHARENTE MARITIME SONT LES CARRELETS QUI SE PROFILENT SUR SES RIVAGES. CES PETITES CABANES DE BOIS AUX FILETS CARRÉS SONT UNE AFFAIRE FAMILIALE. A MARÉE HAUTE, ET DU PRINTEMPS À LA FIN DE L'ÉTÉ, LES FILETS SONT DESCENDUS DANS L'EAU. QUAND LA MER SE RETIRE, ILS SE REMPLISSENT DE CREVETTES OU DE CRABES, DE MULETS, DE SOLES OU D'ANGUILLES. LA LOI N'AUTORISE QUE LA QUANTITÉ NÉCESSAIRE À LA CONSOMMATION FAMILIALE ET INTERDIT DE VENDRE SA PÊCHE.

LA RÉGION REGORGE DE POISSONS PÊCHÉS AU LARGE ET DE COQUILLAGES RAMASSÉS SUR LE RIVAGE. ELLE EST AUSSI RICHE EN FOLKLORE. LE LIEU-DIT 'LA REPENTIE' TIENT SON NOM D'UNE LÉGENDE : UN HUMBLE PÊCHEUR DÉCOUVRIT UN SOIR, AU FOND DE SON FILET, UNE SIRÈNE. EN ÉCHANGE DE SA LIBERTÉ, CELLE-CI PROMIT À L'HOMME DE LUI ASSURER CONSTAMMENT UNE PÊCHE SUFFISANTE. LE PÊCHEUR RACONTA SA BONNE FORTUNE À SA FEMME QUI L'IMPLORA DE LUI LAISSER VOIR LA SIRÈNE. MAIS QUAND ELLE LA VIT, LA FEMME ROMPIT LA PROMESSE DU MARI, REFUSANT DE LIBÉRER LA CAPTIVE. LAS ! LES SIRÈNES ONT

POUVOIR SUR LA MER, ET PEU DE TEMPS APRÈS, LES FLOTS RECOUVRAIENT LA MAISON ET TOUS LES ENVIRONS, ET LA SIRÈNE EMPORTAIT AVEC ELLE AU FOND DE L'OCÉAN, MARI ET ENFANTS. LA FEMME DU PÊCHEUR PASSA LE RESTE DE SA VIE DANS LA REPENTANCE D'AVOIR BRISÉ SERMENT PAR ENVIE.

LE LONG DES ROUTES DE L'ÎLE DE NOIRMOUTIER, LES 'CROIX DU CHEMIN' ET LES 'CROIX DES SORTS' TIENNENT À DISTANCE LES ESPRITS MALINS QUI POURRAIENT HANTER L'ÎLE. LES 'BRAILLARDS' COMPTENT PARMI CEUX-CI. ILS SE TIENNENT AU LARGE ET POUSSENT DES HURLEMENTS DE DÉTRESSE, JUSQU'À CE QUE DE MISÉRICORDIEUX HUMAINS VIENNENT À LEUR SECOURS. PUIS, QUAND ILS ESTIMENT LA FARCE SUFFISANTE, ET QUE LES HOMMES ONT RUDEMENT PEINÉ SOUS L'EFFORT, ILS DISPARAISSENT DANS LES AIRS, HURLANT ENCORE, MAIS DE RIRE, CETTE FOIS. D'AUTRES MALINS ESPRITS, LES FARFADETS , COMMUNS À YEU ET NOIRMOUTIER, CAUSENT DES DÉGÂTS AVEC LEUR 'HERBE DE DÉTOURNE'. CETTE HERBE QU'ILS PLANTENT À LA FIN DE L'ÉTÉ, POUSSE LE PASSANT QUI NE SUSPECTE RIEN, À CHANGER BRUSQUEMENT, DE DIRECTION OU D'OPINION.

AFIN D'ÉVITER DISTRACTION ET DÉCOURAGEMENT, LES PÈLERINS EN ROUTE VERS SAINT JEAN DE COMPOSTELLE PRIAIENT EN MARCHANT. DE LA ROCHELLE ET DE TALMONT AUX PORTS DE LA GIRONDE, ON OFFRAIT VOLONTIERS DE L'AIDE À CES GENS DE PASSAGE CHEMINANT SUR L'ITINÉRAIRE CÔTIER VERS LA VILLE ESPAGNOLE QUI DEVIENDRAIT LA MÈQUE DES CHRÉTIENS, AU COURS DU XIIe SIÈCLE.

SAINT JACQUES EST L'APÔTRE QUI ÉVANGÉLISA LA PÉNINSULE IBÉRIQUE AVANT DE RETOURNER À JÉRUSALEM OÙ IL FUT MARTYRISÉ EN 44 APRÈS J.C. LA CROYANCE POPULAIRE ASSURE QUE SA TÊTE ET SON CORPS FURENT PLACÉS DANS UNE BARQUE DE PIERRE ET POUSSÉS SUR LA MER PAR LE SOUFFLE DES ANGES QUI GUIDA LE BATEAU JUSQU'À COMPOSTELLE. EN 838, UN ERMITE REDÉCOUVRIT LA TOMBE DU SAINT, ET SIX ANNÉES PLUS TARD, CELUI-CI APPARUT EN PLEINE BATAILLE DE CLAVIJO, MONTÉ SUR UN BLANC DESTRIER, ET DONNA LA VICTOIRE AUX CHRÉTIENS CONTRE LES MAURES INFIDÈLES. QUELQUES ANNÉES PLUS TARD, EN GAGE DE RECONNAISSANCE, LES CROYANTS INSTAURÈRENT LE PÈLERINAGE, CERTAINS QUE SON ACCOMPLISSEMENT LEUR GAGNERAIT LE PARADIS.

LES PÈLERINS PORTAIENT UNE LOURDE MANTE ET UN CHAPEAU À LARGES BORDS, QU'ILS DÉCORAIENT, UNE FOIS LE VOYAGE ACCOMPLI, DE TROIS OU QUATRE COQUILLES, QU'ON APPELA VITE 'SAINT JACQUES', EN L'HONNEUR DU SAINT. LE VOYAGE ÉTAIT ÉPUISANT. PAR MER, LES FIDÈLES S'ENTASSAIENT COMME DES SARDINES SUR DES BARGES À FOND PLAT. SUR TERRE, À PIED OU À CHEVAL, LE PARCOURS DURAIT AU MOINS SIX MOIS. DE FAUX PÈLERINS SE JOIGNAIENT AUX VRAIS POUR DÉVALISER LES CROYANTS ET ON FORGEA BIENTÔT LE MOT 'COQUILLARD', POUR DÉSIGNER UN COQUIN OU UN SCÉLÉRAT.

L'HISTOIRE RELIGIEUSE EN CHARENTE MARITIME EST LOURDE D'ATROCITÉS, PARTICULIÈREMENT À LA ROCHELLE. DEPUIS QU'AU XVIe SIÈCLE, CALVIN AVAIT PRÊCHÉ SES IDÉES DE RÉFORME, SES DISCIPLES AVAIENT RÉPANDU LA 'NOUVELLE' BONNE PAROLE. LE CALVINISME (OU PROTESTANTISME) DEVINT UNE SECTE, POPULAIRE SURTOUT PARMI LES MARCHANDS. MAIS LES HUGUENOTS — C'EST AINSI QU'ON APPELAIT LES PROTESTANTS — FURENT VICTIMES DE CONTINUELLES PERSÉCUTIONS ET LEURS VILLES ASSIÉGÉES ET DÉTRUITES DANS LE SANG. BEAUCOUP DURENT ÉMIGRER, LE PLUS GRAND NOMBRE PÉRIT AVANT D'AVOIR LE TEMPS DE QUITTER LA FRANCE. EN 1598, PAR L'ÉDIT DE NANTES, HENRY IV LEUR ACCORDA LE DROIT À LA LIBRE EXPRESSION. MAIS LE CARDINAL DE RICHELIEU, PERSUADÉ QUE LE PROTESTANTISME CONSTITUAIT UNE MENACE POUR L'UNITÉ DE LA FRANCE ET POUR LA COURONNE, DÉCIDA D'ÉRADIQUER LES PROTESTANTS. IL ORDONNA LE BLOCUS DE LA ROCHELLE DONT LE SIÈGE DURA DEUX ANS (1627-1628). LES ROCHELAIS, ISOLÉS, AFFAMÉS, EN ÉTAIENT À MANGER DE L'HERBE ET DES LIMACES, QUAND ILS FINIRENT PAR SE RENDRE. QUAND LES PORTES DE LA VILLE S'OUVRIRENT ENFIN, ON DÉNOMBRA VINGT-TROIS MILLE MORTS ET CINQ CENTS MOURANTS. IL N'Y EUT QUE TRENTE-SEPT PERSONNES QUI SURVÉCURENT AU SIÈGE! RICHELIEU FIT CÉLÉBRER UNE MESSE POUR LES ÂMES DES DÉFUNTS. ON

DIT QUE LE ROI LOUIS XIII AURAIT PLEURÉ. AVEC LOUIS XIV, QUI RÉVOQUA L'ÉDIT DE NANTES, LES HOSTILITÉS CONTINUÈRENT. LE ROI SOLEIL DEVAIT CHOISIR AVEC SOIN LES COURSIERS QUI LUI LIVRAIENT QUOTIDIENNEMENT SES HUÎTRES ET IL AVAIT LA HANTISE QU'UN ÉLEVEUR HUGUENOT NE RÉUSSISSE UN JOUR À L'EMPOISONNER.

LA VENDÉE ALLAIT ÊTRE LA PROCHAINE À CONNAÎTRE UN BAIN DE SANG, DANS LES TURBULENCES DE LA RÉVOLUTION, CETTE FOIS. CONTRAIREMENT À L'OPINION LA PLUS RÉPANDUE, LES VENDÉENS N'AVAIENT PAS D'ABORD REFUSÉ LES REVENDICATIONS RÉVOLUTIONNAIRES. ILS SE REBELLÈRENT EN FAIT EN 1793, LORSQUE PARIS ORDONNA LA RÉQUISITION DES HOMMES DE LA RÉGION. AU MÊME MOMENT, LE CLERGÉ ENFLAMMAIT LEUR FUREUR EN DÉCLARANT LA RÉVOLUTION ŒUVRE DU DIABLE. ON SURNOMMA LES INSURGÉS LES 'CHOUANS', C'EST-À-DIRE LES CHATS-HUANTS EN BRETON, ET LE MOT SE RÉPANDIT DANS TOUTES LES POCHES DE RÉSISTANCE À TRAVERS LE PAYS. LES VENDÉENS, AVEC UNE ARMÉE DE VOLONTAIRES SANS ENTRAÎNEMENT, SE LANCÈRENT DANS LA GUÉRILLA, DANS L'ESPOIR VALEUREUX MAIS FUNESTE DE SAUVEGARDER LEUR CONTRÉE. DE PARIS VINT L'ORDRE, NON SEULEMENT D'ÉCRASER LA RÉBELLION, MAIS D'EXTERMINER TOUS LES VENDÉENS, Y COMPRIS LES FEMMES ET LES ENFANTS. LES VILLAGES AUSSI DEVAIENT DISPARAÎTRE ET BEAUCOUP FURENT BRÛLÉS ET RASÉS. IL FALLUT TROIS ANS ET DEMI DE GUERRE SANS MERCI, SUIVIE D'ENCORE UN AN ET DEMI D'ÉCHAUFFOURÉES, POUR VENIR À BOUT DES DERNIERS INSURGÉS. LE NOMBRE TOTAL DES VICTIMES DES GUERRES DE VENDÉE SE SITUE ENTRE CENT MILLE ET TROIS CENT MILLE, DE CHAQUE CÔTÉ.

LA RÉVOLUTION BOULEVERSA AUSSI LES TRADITIONS POPULAIRES. LES FEMMES DE LA RÉGION, COMME LES BRETONNES, PORTAIENT DES COIFFES. MAIS C'ÉTAIT L'AFFAIRE DES BOURGEOISES QUI AFFIRMAIENT AINSI LEUR MODESTIE ET LEUR CHASTETÉ. ON N'EN POUVAIT DOUTER D'AILLEURS, AMIDONNÉES COMME L'ÉTAIENT LES COIFFES D'UNE OREILLE À L'AUTRE, ET DÉNOMMÉES FORT À PROPOS 'QUICHENOTTES', DE L'ANGLAIS 'KISS ME NOT' (NE M'EMBRASSEZ PAS)! LES PAYSANNES, VOYANT LEURS CONDITIONS DE VIE S'AMÉLIORER APRÈS LA RÉVOLUTION, S'EMPRESSÈRENT DE PRENDRE À LEUR COMPTE LA COUTUME, MAIS EN RETOUR, PUISQUE LA COIFFE N'ÉTAIT PLUS RÉSERVÉE À L'ÉLITE, LES BOURGEOISES L'ABANDONNÈRENT. AINSI SA DÉMOCRATISATION LA FIT TOMBER EN DÉSUÉTUDE.

LES VENDÉENS ET LES CHARENTAIS SONT D'UN CARACTÈRE INDÉPENDANT, PROMPTS À DÉFENDRE LEURS IDÉES ET DURS À L'OUVRAGE. ILS SAVENT MONTRER BON SENS ET FLEXIBILITÉ. AU LENDEMAIN DES GUERRES DE VENDÉE, CERTAINS ALLÈRENT CHERCHER MEILLEURE FORTUNE DU CÔTÉ DE BORDEAUX; CEUX QUI RESTÈRENT DURENT RECONSTRUIRE ET LEURS VIES ET LEURS VILLES.

AUJOURD'HUI, LE PAYS ET SES HABITANTS SE SONT OUVERTS AUX VACANCIERS, QUI SONT SURTOUT LEURS COMPATRIOTES, ET QUI VIENNENT OUBLIER LEURS SOUCIS ET SE DIVERTIR SUR LES PLAGES DE SABLE. LES VACANCES SERONT PLEINES DE PIQUE-NIQUES ET DE TREMPETTES RAFRAÎCHISSANTES APRÈS DES HEURES PASSÉES À SE RÔTIR AU SOLEIL, DE BALADES À CHEVAL, À BICYCLETTE OU À PIEDS. LA MER ACCUEILLE SURFERS, PLAISANCIERS ET PÊCHEURS DU DIMANCHE. LE SOLEIL EST GÉNÉREUX, LE SOURIRE DES ROSES TRÉMIÈRES DONNENT AUX FAÇADES UN AIR DE GAIETÉ.

LE LONG DE LA CÔTE, CHEVAUX ET VACHES PAISSENT TRANQUILLEMENT AU MILIEU DES MARAIS. CACHÉS DANS LEURS EAUX, DES MICRO-ORGANISMES ABONDENT. EN SE DÉCOMPOSANT, ILS PRODUISENT UN GAZ QUI, QUAND IL S'ENFLAMME SPONTANÉMENT DANS LA NUIT, ÉCLAIRE LES MARAIS DE FLAMMES BLEUES. C'EST UN PHÉNOMÈNE NATUREL ET CONNU, MAIS POUR CEUX QUI CROIENT AUX CHOSES SURNATURELLES, CES FEUX FOLLETS SONT DES ÂMES PRISONNIÈRES, QUI ATTENDENT DE MONTER AUX CIEUX. CES MÊMES PERSONNES QUI RÉFLÉCHISSENT ET SAVENT VOIR AU-DELÀ ET PLUS HAUT, SAURONT, ELLES, QUE L'ÉTOILE FILANTE QUI TRAVERSE LE CIEL EST UNE ÂME DU PURGATOIRE EN CHEMIN VERS LE PARADIS.

LA ROCHELLE

PORNIC

NOIRMOUTIER

LA ROCHELLE

PORT DU BEC

PONTAILLAC

CHAILLEVETTE

BROUAGE

MARAIS BRETON

ILE D'OLÉRON

ILE DE RÉ

MORNAC-SUR-SEUDRE

TALMONT

ILE D'OLÉRON

ILE DE NOIRMOUTIER

ST. BREVIN

LA GRANDE-CÔTE

LA TREMBLADE

LES SABLES-D'OLONNE

BASSIN DE LA SEUDRE

ILE D'YEU

ST. PALAIS-SUR-MER

(GETARIA) GUÉTHARY

AQUITAINE

C'est là un spectacle comme en ont vu les premiers hommes : une terre vierge, du sable et toujours du sable. Des pins, puis encore des pins, quelques ajoncs, quelques traînées de plantes grimpantes entre les troncs résineux qui suintent, un sol primitif, simple dépôt de la mer, peuplé par une seule espèce de plantes ; puis la grande eau, sa mère, qui l'enveloppe de ses replis, et le ciel éblouissant de blancheur lumineuse qui aspire les parfums et la sève. — Hippolyte Taine (Carnets de Voyages)

PAR UNE ACCABLANTE JOURNÉE D'ÉTÉ, LE SABLE CUIT SOUS LE SOLEIL ARDENT. L'OCÉAN EST CALME, L'HORIZON SE DÉPLOIE À L'INFINI. INTERROMPUE SEULEMENT PAR LE BASSIN D'ARCACHON, L'AQUITAINE DÉROULE SA CÔTE RECTILIGNE SUR PLUS DE DEUX CENTS KILOMÈTRES. SOUS UNE APPARENTE SÉRÉNITÉ HORS DU TEMPS, CETTE CÔTE EST SAUVAGE ET PRIMITIVE, LIVRÉE AUX SOUBRESAUTS DE MODIFICATIONS INCESSANTES. PENDANT LES TEMPS ANCIENS, LA MER RESTA PRATIQUEMENT INACCESSIBLE DANS TOUTE LA RÉGION CONNUE COMME 'LES LANDES'. LÀ S'ÉTENDAIENT D'IMPRATICABLES MARAIS, DES LANDES DÉSOLÉES ET SAUVAGES, ET LES 'TREMBLEYERS', CES PIERRES QUI BOUGEAIENT SUR UN SOL INSTABLE. LA LIMITE ENTRE TERRE ET MER CHANGEAIT CONTINUELLEMENT. LES PÈLERINS, DU MOINS CEUX QUI N'AVAIENT PAS SUCCOMBÉ AUX SABLES MOUVANTS ET AUX 'TREMBLEYERS', ET QUI CONTINUAIENT SUR LA ROUTE CÔTIÈRE VERS COMPOSTELLE, NE RETROUVERAIENT PAS AUJOURD'HUI LEUR CHEMIN, S'ILS SUIVAIENT LE MÊME ITINÉRAIRE.

VENTS ET MARÉES APPORTENT TOUJOURS DU SABLE. JADIS, CE SABLE SE MÊLAIT À LA TERRE, LA RENDANT INFERTILE. SEULS LES MOUTONS POUVAIENT PROFITER DES PÂTURES LOCALES. MAIS LE SOL ÉTAIT SI INSTABLE QUE LES BERGERS NE POUVAIENT LE FOULER SANS DANGER, MÊME AVEC LES

TRADITIONNELS SABOTS DE BOIS. ILS INVENTÈRENT DONC LES ÉCHASSES! AINSI POUVAIENT-ILS SURVEILLER LEURS TROUPEAUX, AVEC L'AVANTAGE DE VOIR ASSEZ LOIN POUR POUVOIR ÉVENTUELLEMENT S'ÉLOIGNER VITE SI NÉCESSAIRE. PENDANT L'HIVER, LES BERGERS FILAIENT LA LAINE. AU PRINTEMPS ET PENDANT L'ÉTÉ, ILS OFFRAIENT UN SPECTACLE TYPIQUE, PERCHÉS SUR LEURS ÉCHASSES ET TRICOTANT DE LONGUES CHAUSSETTES, EN PLEIN MARAIS. MARCHER AVEC DES ÉCHASSES DEVINT UN SPORT. L'UN DES CHAMPIONS, DORON, MARCHA JUSQU'À MOSCOU, PUIS REVINT À PARIS OÙ IL GRIMPA LA TOUR EIFFEL, SANS QUITTER SES ÉCHASSES! LORSQUE L'HOMME EUT CONQUIS ET CONTENU LA MER PAR L'IMPLANTATION DE FORÊTS, LES BERGERS RETIRÈRENT LEURS ÉCHASSES, MAIS ILS LES ENFOURCHENT ENCORE FIÈREMENT LORS DES FÊTES POPULAIRES .

AU COURS DES SIÈCLES, LA MER ET LE SABLE ONT LIÉ LEURS FORCES CONTRE LES RÉALISATIONS DES HOMMES. AINSI FURENT RAVAGÉES L'ABBAYE ST-NICOLAS-DE-GRAVE ET LES CLOCHES DE STE EULALIE. LE PHARE DE GRAVE FUT PAR DEUX FOIS ENSEVELI. DES CABANES CONSTRUITES AU BORD DE MER, ET DES PORTS FURENT PARTIELLEMENT OU TOTALEMENT DÉTRUITS. EN 1774, LES FRÈRES DESBEYS FURENT LES PREMIERS À PLANTER DES OYATS ET DES PINS MARITIMES AFIN DE FIXER LES DUNES. LEUR EXEMPLE FUT SUIVI, AU MILIEU DU XIXE SIÈCLE, PAR CHAMBRELET ET CROUZET, COMMISSIONNÉS PAR NAPOLÉON III. DE NOS JOURS, CETTE MAGNIFIQUE ÉTENDUE DE PINS PASSE POUR LA PLUS VASTE FORÊT CULTIVÉE AU MONDE. L'AIR EMBAUME LA RÉSINE, LE SOL EST TAPISSÉ DE FOUGÈRES, LE SILLAGE ÉTOILÉ D'IMPRÉVISIBLES LIBELLULES EST PEUT-ÊTRE LE SYMBOLE DES FÉES QUI PEUPLENT LES PINÈDES. POUR ÉLOIGNER LES ESPRITS MALINS, LES LANDAIS UTILISENT L'HUMBLE FENOUIL MARIN. LES FEMMES CUEILLENT SES FLEURS ET LES TRESSENT EN UNE CROIX QU'ELLE DISPOSENT SUR LEURS PORTES, ESPÉRANT AINSI PROTÉGER LEUR MAISONS, ET LES HOMMES, QUAND ILS ONT RÉPARÉ LES TROUS DANS LES FAÇADES, Y INSÈRENT AUSSI UN BOUQUET.

LE LONG DE CETTE CÔTE AUX REFLETS D'ARGENT, L'AIR EST RECHERCHÉ POUR SES QUALITÉS TONIQUES, À LA FOIS RAFRAÎCHISSANTES ET RÉGÉNÉRANTES. LA BRISE MÊLE SON IODE AUX ESSENCES BALSAMIQUES DES PINS. CEPENDANT, IL FAUT TOUJOURS COMPTER AVEC LE VENT VIOLENT QUI VIENT DE L'ATLANTIQUE, ET GARDER SOUS LA MAIN UNE ÉCHELLE ET UNE PELLE, AU CAS OÙ LA PORTE SERAIT SOUDAIN BLOQUÉE PAR LE SABLE, OBLIGEANT À UNE SORTIE PAR LE TOIT. QUAND LE VENT FAIT RAGE, LES FEMMES DE MARINS ALLUMENT DES CHANDELLES SUR LE BORD DES FENÊTRES, SUPPLIANT SAINTE BARBE ET SAINTE HÉLÈNE DE PROTÉGER LEURS MARIS, EN MER.

A ST JEAN DE LUZ, ON FAIT LA DIFFÉRENCE ENTRE LE DANGER D'UNE MER SOULEVÉE PAR LE VENT ET CELUI INHÉRENT À LA MER ELLE-MÊME, ET PARFOIS LES DEUX SE COMBINENT. APRÈS LE PASSAGE D'UNE TEMPÊTE PARTICULIÈREMENT DÉVASTATRICE, L'IMPÉRATRICE EUGÉNIE, (DEPUIS TRÈS LONGTEMPS ATTACHÉE À LA RÉGION), AVAIT FAIT ACCROCHER UN MODÈLE RÉDUIT DE BATEAU, COMME EX-VOTO, DANS L'ÉGLISE ST JEAN BAPTISTE. DE FAÇON MYSTÉRIEUSE, LE BATEAU ÉTAIT DEVENU BAROMÈTRE : QUAND IL SE TOURNAIT VERS L'AUTEL, IL ALLAIT FAIRE BEAU, QUAND IL S'ALIGNAIT VERS LA 'GRANDE PORTE', ON POUVAIT S'ATTENDRE À UNE TEMPÊTE.

AU XVE SIÈCLE, THOMAS ILLYRICUS TROUVA, SUR LE RIVAGE DÉSERT D'ARCACHON, LA SÉRÉNITÉ QU'IL RECHERCHAIT POUR SES MÉDITATIONS QUOTIDIENNES. UN JOUR DE TEMPÊTE, IL APERÇUT DEUX BATEAUX EN TRAIN DE CHAVIRER. SE JETANT À GENOUX EN PRIÈRE, IL TRAÇA SUR LE SABLE UNE CROIX. L'ORAGE SE CALMA, ET LES BATEAUX PURENT REJOINDRE LE PORT. EN ACTION DE GRÂCE, LE SAINT SE PROSTERNA SUR LA PLAGE, POUR DÉCOUVRIR SOUDAIN QU'UNE STATUE DE LA VIERGE VENAIT DE S'ÉCHOUER SUR LA GRÈVE, DEVANT LUI. POUR COMMÉMORER LE MIRACLE, ON CONSTRUISIT NOTRE DAME D'ARCACHON. BIEN QUE LA PREMIÈRE ÉGLISE FUT DÉTRUITE PAR UNE TEMPÊTE ET LA SECONDE ENSEVELIE DANS LES SABLES, UNE TROISIÈME ÉGLISE A ÉTÉ RECONSTRUITE DEPUIS.

CHERS AU CŒUR DE TOUS LES MARINS QUI INVOQUENT LE NOM DE LA VIERGE QUAND ILS SONT EN DANGER AU LARGE, LES EX-VOTO, TÉMOIGNAGES DE LA GRATITUDE DES HOMMES ET DES BATEAUX QUI ONT REÇU PROTECTION DE LA SAINTE MÈRE, NOTRE DAME D'ARCACHON, REMPLISSENT LA CHAPELLE. LES PÊCHEURS LUI RENDENT HOMMAGE CHAQUE ANNÉE, À LA 'FÊTE DU COURONNEMENT DE LA VIERGE' ET, À NOUVEAU, AU PRINTEMPS, LORSQUE, EN GAGE DE RECONNAISSANCE, ILS FONT DON À LA CHAPELLE DE LA VENTE DES PREMIERS TURBOTS.

PLUS BAS LE LONG DE LA CÔTE, LES BASQUES ONT TOUJOURS ÉTÉ DES MARINS ACCOMPLIS. DES VIKINGS, ILS APPRIRENT COMMENT CONSTRUIRE DES BALEINIERS ET LA TECHNIQUE DE LA CHASSE À LA BALEINE, ET ILS LA MAÎTRISÈRENT SI BIEN QU'À LA FIN DU XVe SIÈCLE, IL NE RESTAIT PLUS AUCUNE DE CES BÊTES IMPOSANTES DANS LES EAUX TERRITORIALES FRANÇAISES DE L'ATLANTIQUE. POUSSANT LEUR RECHERCHE PLUS LOIN, LES BASQUES S'ÉTABLIRENT AU GROENLAND VERS 1535, ET PARVINRENT AU CANADA UN SIÈCLE AVANT LE VOYAGE DE COLOMB EN AMÉRIQUE. LA BALEINE ÉTAIT HAUTEMENT ET TOTALEMENT APPRÉCIÉE, LE MOINDRE MORCEAU ÉTAIT UTILISÉ : LA VIANDE POUR SE NOURRIR, LA GRAISSE COMME HUILE DE LAMPE ET POUR FAIRE DU SAVON, LES FANONS COMME BALEINES DE CORSETS ET LES OS POUR FAIRE DES BOUTONS ET DES PIÈCES DE CHARPENTERIE.

LA LABOURD, LA CÔTE LA PLUS SUD D'AQUITAINE, EST PEUPLÉE DE CES BASQUES, UNE RACE EN ELLE-MÊME, PAREILLE À NULLE AUTRE. MÊME SI LES BASQUES FRANÇAIS PORTENT DES BÉRETS NOIRS ET LES BASQUES ESPAGNOLS DES BÉRETS ROUGES, LEUR SLOGAN 'ZASPIAK-BAT' (SEPT PROVINCES, MAIS UNE SEULE RACE ET UN SEUL IDIOME) RAPPELLE LA SOLIDARITÉ ET L'IDENTITÉ QU'ILS PARTAGENT AVEC LEURS COUSINS ESPAGNOLS. 'EUSKARA' EST LEUR LANGUE COMMUNE, DONT L'ORIGINE EST MYSTÉRIEUSE ET TOUJOURS AUSSI CONTROVERSÉE. ASSURÉMENT, ELLE N'EST PAS D'ORIGINE INDO-EUROPÉENNE. CERTAINES THÉORIES PARLENT DE RACINES IBÉRIQUES, D'AUTRES SUGGÈRENT UNE BASE HONGROISE OU ORIENTALE. PEUT-ÊTRE DESCENDENT-ILS D'ATLANTIS ? LES BASQUES EUX-MÊMES NE SE POSENT PAS DE QUESTION SUR LEURS RACINES : ILS APPRENNENT SUR LES GENOUX DE LEURS MÈRES QU'ILS SONT LES DESCENDANTS DE TUBAL (CINQUIÈME FILS DE JAPHETH, LE FILS DE NOAH) QUI, ARRIVANT EN EUROPE AVANT LA CONSTRUCTION DE LA TOUR DE BABEL, APPORTAIT LA LANGUE MÊME DU JARDIN D'EDEN, CELLE DANS LAQUELLE ADAM AVAIT FAIT SA COUR À EVE.

LEUR SOCIÉTÉ ÉGALITAIRE EST BASÉE SUR LE VOISINAGE, ET UN NOUVEL ARRIVANT DOIT ÊTRE 'ÉLU' PAR LES VOISINS. IL FERA SON APPRENTISSAGE PENDANT UN AN ET UN JOUR, EN APPRENANT LES COUTUMES INDIGÈNES TANDIS QU'IL SE PLIERA AUX TACHES QUE LA COMMUNAUTÉ LUI A CHOISIES. ENSUITE SEULEMENT, IL AURA LES MÊMES DROITS DANS SA PAROISSE OÙ LES MAÎTRES DES MAISONS SE RÉUNISSENT CHAQUE DIMANCHE APRÈS LA MESSE, POUR PRENDRE LES DÉCISIONS COMMUNAUTAIRES. LES SEULES PERSONNES EXCLUES SONT LES JURISTES ET LES PRÊTRES, QU'ON JUGE ENCLINS PAR NATURE À LA TYRANNIE. ON DOIT AIMER SON VOISIN COMME SOI-MÊME. CHAQUE VOISIN A DES DEVOIRS DISTINCTS QUI SONT PARTICULIÈREMENT PRÉCIS DANS LE RITE DES FUNÉRAILLES. AINSI, LE QUATRIÈME VOISIN DANS L'ORDRE DOIT COMMENCER LES PRÉPARATIFS ET LE PLUS PROCHE DE L'ÉGLISE IRA CHERCHER LE PRÊTRE POUR L'AMENER À LA MAISON. POUR VÉRIFIER QU'IL EST BIEN MORT , ON FAIT TOMBER LA CIRE CHAUDE D'UNE BOUGIE SCULPTÉE EN FORME DE CROIX SUR LE CORPS DU DÉFUNT. CECI ÉTANT CONFIRMÉ, ON ENLÈVE UNE TUILE DU TOIT AFIN QUE L'ÂME PUISSE S'ÉCHAPPER. L'UN DES VOISINS AURA APPORTÉ UN PEU DE FOIN QU'ON EMBRASE ALORS QUE LE CERCUEIL PASSE LE SEUIL. LES CENDRES QUI TOMBENT REPRÉSENTENT LES RESTES MORTELS RETOURNANT À LA TERRE, LA FUMÉE QUI S'ÉLÈVE EST LE SIGNE QUE L'ÂME COMMENCE SON VOYAGE VERS LES CIEUX. LORS DU CORTÈGE, LE VOISIN LE PLUS PROCHE MÈNE LA PROCESSION EN PORTANT LA CROIX DE LA PAROISSE. UN AUTRE, LE GARDIEN DE LA LUMIÈRE, TRANSPORTE UN PANIER

CONTENANT QUATRE CHANDELLES. LES AUTRES VOISINS PROCHES AMÈNENT LE CERCUEIL À L'ÉGLISE OÙ LES FEMMES EN PRIÈRES L'ENTOURENT; LES HOMMES SE RETIRENT DANS LA GALERIE PENDANT LE SERVICE.

VOLTAIRE PENSAIT DES BASQUES QU'ILS ÉTAIENT UN PETIT PEUPLE QUI SAUTAIT ET DANSAIT SUR LES SOMMETS DES PYRÉNÉES. CES GENS SONT INTIMES AVEC LA NATURE QUI LES ENVIRONNE. RAREMENT ENCLINS À L'ÉCRITURE, ON DIT QU'ILS VIVENT LEUR POÉSIE DANS LEUR VIE QUOTIDIENNE. ILS ONT UNE CONNAISSANCE INNÉE DE LEUR TERROIR ET APPRÉCIENT SA BEAUTÉ DU FOND DE L'ÂME. COMME BEAUCOUP DE PEUPLES QUI VIVENT EN HARMONIE AVEC LEUR ENVIRONNEMENT, ILS ACCUEILLENT LES ÉLÉMENTS AVEC RESPECT.

A ENTENDRE 'L'IRRINTZINA', LE CRI DE JOIE BASQUE, ON PEUT ÊTRE FRAPPÉ DE STUPEUR. QUE CE SOIT PENDANT LEURS FÊTES, OU SPONTANÉMENT À LA FIN DU JOUR, EN PLEINE MONTAGNE, QUAND UN CHASSEUR OU UN PÊCHEUR EST RAVI DE SA PRISE, OU À TOUT MOMENT DE LIESSE, LES BASQUES VONT EXHALER LEUR CRI GUTTURAL, QUI TIENT UN PEU DE LA BÊTE. ON DIT QU'IL 'COMMENCE COMME LE HENNISSEMENT D'UN CHEVAL, PUIS SE CHANGE EN UN HURLEMENT DE LOUP, POUR FINIR DANS UN HOQUET, COMME LE DERNIER SOUFFLE DE L'ÂNE QUI BRAIE'.

VU LA PARFAITE CONNAISSANCE DU PAYS ET L'INDIVIDUALISME DÉVELOPPÉ DES BASQUES, 'GABAZKOLANA', LA CONTREBANDE, A TOUJOURS ÉTÉ POUR EUX COMME UNE SECONDE NATURE. C'EST UN TRAVAIL NOCTURNE. LES JEUNES GARÇONS APPRENAIENT NAGUÈRE LE MÉTIER EN PASSANT EN CACHETTE DES SACS DE POULETS VIVANTS. EN TANT QUE VOISINS, LES BASQUES SE MONTRENT ENTRE EUX INDULGENTS ET COMPLICES. APERÇU DE LOIN, LE LINGE QUI SÈCHE PEUT ÊTRE COMPRIS COMME UN SIGNAL; IL PEUT AUSSI SIMPLEMENT AVOIR ÉTÉ ACCROCHÉ POUR SÉCHER! DANS LES PÉRIODES DE CONFLITS ET DE GUERRES, LES BASQUES ONT PERMIS À BEAUCOUP DE PERSONNES DE PASSER LA FRONTIÈRE. CE FUT LE CAS DE NOMBREUX JUIFS ET RÉSISTANTS, PENDANT LA DERNIÈRE GUERRE. ILS CONNAISSENT DES VALLÉES SECRÈTES QU'AUCUN ÉTRANGER AU PAYS N'A JAMAIS PU PÉNÉTRER ET ONT MÊME ÉTÉ CAPABLES DE CACHER DES TROUPEAUX ENTIERS À LEURS ENNEMIS.

L'HABITATION EST POUR LE BASQUE UNE RÉFÉRENCE IMPORTANTE. IL EST PLUS LIÉ AU NOM DE SA MAISON QU'À SON NOM DE FAMILLE. LA MAISON PASSE TOUJOURS EN HÉRITAGE À L'ENFANT LE PLUS ÂGÉ, GARÇON OU FILLE, CAR LES BASQUES ONT DEPUIS LONGTEMPS ACCORDÉ UN STATUT AUX FEMMES. SI LA MAISON FAIT PARTIE D'UNE DOT, LA TRANSMISSION A LIEU AU MARIAGE DE L'ENFANT LE PLUS ÂGÉ. LES NOUVEAUX MARIÉS SERONT LES 'MAÎTRES JEUNES', LES PARENTS PEUVENT RESTER EN TANT QUE 'MAÎTRES VIEUX'. LES FRÈRES ET SŒURS PLUS JEUNES RENONCENT SOUVENT À LEURS DROITS DE SUCCESSION, MAIS PEUVENT CONTINUER À VIVRE DANS LA MAISON FAMILIALE S'ILS TRAVAILLENT POUR LE BIEN DE LA COMMUNAUTÉ.

LE FAIT DE SUIVRE STRICTEMENT LA TRADITION A POUSSÉ UN GRAND NOMBRE DE BASQUES À S'EXPATRIER. CERTAINS PARTIRENT EN AMÉRIQUE, DU NORD ET DU SUD, OÙ LEUR AGILITÉ ET LEUR CAPACITÉ COMME BERGERS ÉTAIENT FORT APPRÉCIÉES. D'AUTRES TROUVÈRENT DU TRAVAIL COMME PÊCHEURS. PLUS GÉNÉRALEMENT, ILS PARTIRENT POUR CHERCHER FORTUNE. MAIS TOUS RESTÈRENT FIDÈLES À LEUR CULTURE BASQUE, ESPÉRANT RENTRER UN JOUR AU PAYS. TOUT CE À QUOI ILS TIENNENT LE PLUS VIT AU FOND DE LEUR CŒUR : LA MER AUX TEINTES GRIS-BLEU QUI BAT SUR LE RIVAGE, LES COLLINES VERDOYANTES OÙ AIMENT À PAÎTRE LES MOUTONS À LA LONGUE TOISON, LES VILLAGES AUX MAISONS BLANCHIES À LA CHAUX ET ORNÉES DE BOISERIES OCRE ROUGE, LE JEU DE PELOTE CONTRE LE FRONTON, LES DANSES TRADITIONNELLES... OÙ QU'ILS VIVENT, LES BASQUES GARDERONT TOUJOURS LEUR IDENTITÉ, ET L'HÉRITAGE DE LEUR LANGUE ET DE LEUR TERRE.

ET, LOIN DE CHEZ EUX, ILS PRIENT AINSI LEURS SAINTS AFIN QU'ILS NE LES OUBLIENT PAS : 'OH, SAINTS DE MON PAYS, SECOUREZ-MOI, LES SAINTS DE CE PAYS NE ME CONNAISSANT PAS.'

PYLA-SUR-MER

LA CÔTE BASQUE

HOSSEGOR

DUNE DU PILAT

CAP FERRET

ANDERNOS-LES-BAINS

VIEUX-BOUCAU-PORT D'ALBRET

SOULAC-SUR-MER

BASSIN D'ARCACHON

(MIARRITZE) BIARRITZ

HOSSEGOR

LA CÔTE BASQUE

(DONIBANE-LOHITZUN) ST. JEAN-DE-LUZ

HENDAYE (HENDAIA)

(BAIONA) BAYONNE

(ZIBURU) CIBOURE

BAYONNE (BAIONA)

CIBOURE (ZIBURU)

(GETARIA) GUÉTHARY

URRUGNE (URRUNA)

PAYS BASQUE (EUZAKADI)

PORT-VENDRES

Languedoc-Roussillon

Non, non !… Debout ! Dans l'ère successive !
Brisez mon corps, cette forme pensive !
Buvez, mon sein, la naissance du vent !
Un fraîcheur, de la mer exhalée,
Me rend mon âme… Ô puissance salée !
Courons à l'onde en rejaillir vivant !
– Paul Valéry, (Le Cimetière Marin)

Les Pyrénées, qui forment, tout en la débordant, la frontière sud de la France, terminent leur descente de deux mille sept cents mètres pour se baigner aux eaux bleu turquoise de la Méditerranée éblouissante. Cette *Côte Vermeille* du Roussillon tire son nom de la couleur rouge sang dont le soleil inonde le rivage déchiqueté quand il se lève et se couche. De pittoresques bourgades de pêcheurs cèdent la place à d'immenses étendues de sable qui donnent accès à des étangs, des marais, aux plaines et aux rochers calcaires de la *Montagne de la Clape*, en Languedoc. Cette contrée est riche dans sa diversité, privilégiée par un soleil ardent et généreux qui brille presque trois cents jours par an.

Il y a plus de quatre cent cinquante mille ans, cette côte méditerranéenne du Roussillon était encore peu habitée, alors qu'à l'intérieur des terres, vivait déjà l'homme de Tautavel, (le plus ancien des hommes préhistoriques découverts en Europe) !

La région passait pour inhospitalière à cause de sa précarité face aux assauts de la mer et des envahisseurs successifs. Des villes comme Aigues-Mortes, Narbonne et Agde, qui, au Moyen Age, étaient au bord de l'eau sont maintenant à l'intérieur des terres et dépendent de Sète pour leur approvisionnement maritime. Sète elle-même, de nos jours principal port de pêche de cette partie de la Méditerranée française, ne pratique cette activité que depuis le XVIIe siècle.

Les Phocéens furent peut-être les premiers à laisser une empreinte durable. Au VIe siècle avant J.C., ils plantèrent les vignobles qui dominent encore la côte aujourd'hui. Suivirent les Romains qui conquirent la province de Narbonne et développèrent les ports de Collioure et Port-Vendres. Ils introduisirent le christianisme et laissèrent les racines d'un idiome qui fut l'origine des *langues d'oc* : le catalan et le provençal : les Visigoths et les Sarrasins prirent leur tribut de pillages; les Espagnols et les Français furent les derniers à se battre pour dominer la région. Les Français réussirent à prendre le

LANGUEDOC-ROUSSILLON

LANGUEDOC AU DÉBUT DU XIIIE SIÈCLE, MAIS DURENT ATTENDRE PLUS DE TROIS CENTS ANS QUE LES CATALANS SE REBELLENT CONTRE LA NÉGLIGENCE DE LA COUR D'ARAGON, QUAND ELLE S'ALLIA AVEC LA ROYAUTÉ CASTILLANE. CECI PERMIT À LA FRANCE DE SE JETER DANS LA FAILLE ET D'ÊTRE VICTORIEUSE AU SIÈGE DE 1659.

LES LANGUEDOCIENS SONT UN MÉLANGE DE PLUSIEURS RACES QUI ONT COMBATTU LÀ ET S'Y SONT FIXÉES. ILS ONT TENDANCE À ÊTRE INDIVIDUALISTES, DIRECTS ET EXPANSIFS, AVEC UNE TRACE DE MÉLANCOLIE. LES CATALANS, BIEN QU'ASSIMILÉS APRÈS DES SIÈCLES DE PRÉSENCE FRANÇAISE, SE FONT UN HONNEUR DE POUVOIR S'IDENTIFIER À LEUR HÉRITAGE HISTORIQUE QUI LES RELIE À BARCELONE. CE SONT DES GENS PASSIONNÉS ET GAIS, DONT LA VITALITÉ EST PLUS VOYANTE QUE SUBTILE. LA DIVERSITÉ QU'OFFRENT CETTE TERRE ET SES GENS SE RETROUVE DANS LA PROFUSION DE SES EAUX. DE MAI À SEPTEMBRE, À LA NUIT TOMBÉE, LES BARQUES COLORÉES QUITTENT LES PORTS DE COLLIOURE ET DE PORT-VENDRES POUR ALLER PÊCHER LES ANCHOIS *AU LAMPARO*. C'EST UNE PÊCHE NOCTURNE PUISQUE CE SONT LES LANTERNES ATTACHÉES AUX BATEAUX QUI ATTIRENT , EN LES LEURRANT, LES PETITS POISSONS. VIDÉS, ÉTÊTÉS PUIS PLACÉS DANS LA SAUMURE, ILS Y RESTERONT PENDANT TROIS MOIS. IL FAUT ENSUITE LES RINCER DE MULTIPLES FOIS POUR LES DESSALER, AVANT DE LES METTRE À L'HUILE. LES ARTISANS SPÉCIALISÉS TERMINENT LE TRAVAIL EN *LEVANT LES FILETS* DES ANCHOIS PUIS EN LES CONDITIONNANT À LA MAIN. LES LOCAUX APPRÉCIENT PARTICULIÈREMENT LEUR SPÉCIALITÉ : LES OLIVES FOURRÉES AUX ANCHOIS.

PLUS AU NORD, DANS LES EAUX QUI BORDENT LES RIVAGES SABLONNEUX, LES RAMASSEURS DE *TELLINES* RECHERCHENT UN PETIT COQUILLAGE DÉLICAT, QUI MESURE MOINS DE TROIS À QUATRE CENTIMÈTRES. C'EST UN TRAVAIL ARTISANAL ET ÉPUISANT. EQUIPÉS DE CUISSARDES POUR SE PRÉSERVER DU FROID PENDANT LES LONGUES HEURES QU'ILS PASSENT DANS L'EAU, CES PÊCHEURS, ARMÉS DE RÂTEAUX, CREUSENT LE SABLE POUR DÉCOUVRIR LES *TELLINES* QUI VIVENT À ENVIRON TRENTE CENTIMÈTRES DE PROFONDEUR. AU RETOUR, LES *TELLINES* SONT TRIÉES. CELLES QUI SONT TROP PETITES SONT REMISES À L'EAU — LA PÊCHE QUOTIDIENNE D'UN RAMASSEUR FLUCTUE ENTRE VINGT ET QUARANTE KILOS PAR JOUR !

ENTRE MER ET ÉTANG RÈGNE SÈTE. LE PORT EST ASSEZ GRAND POUR RECEVOIR LES GROS THONIERS DONT LA CARGAISON DE THONS SERA VENDUE JUSQUE SUR LES MARCHÉS JAPONAIS, DE L'AUTRE CÔTÉ DE LA TERRE. CE PORT HAUT EN COULEUR EST AUSSI LE HAVRE DE PETITS CHALUTIERS DONT LA PRISE DU JOUR SE RETROUVE MIDI ET SOIR AUX MENUS DES RESTAURANTS SYMPATHIQUES ET TRÈS FRÉQUENTÉS QUI S'ALIGNENT LE LONG DES QUAIS.

DERRIÈRE SÈTE S'ÉTEND LE BASSIN DE THAU OÙ, CETTE FOIS, LES PATRONS PÊCHEURS CHASSENT LES MULETS, ANGUILLES, DORADES, LOUPS ET MUGES. L'OSTRÉICULTEUR S'OCCUPE DE L'ÉLEVAGE DES HUÎTRES À MÈZE ET À BOUZIGUES, QUI SONT DEVENUS LES CENTRES MÉDITERRANÉENS DE LA CULTURE OSTRÉICOLE. BIEN SÉPARÉES, LES MOULES OCCUPENT L'AUTRE CÔTÉ DU BASSIN. CHAQUE AUTOMNE, LES MARAIS PLANTÉS DE ROSEAUX QUI BORDENT LE BASSIN ATTIRENT LES OISEAUX MIGRATEURS ET LEUR OFFRENT REFUGE.

LA CÔTE DU LANGUEDOC-ROUSSILLON EST UN LACIS D'ÉTANGS. EN DESCENDANT VERS LA MER, LES ALLUVIONS CHARRIÉES PAR LES RIVIÈRES SE HEURTENT AUX COURANTS MARINS, CRÉANT DES BANCS DE SABLE QUI DIVISENT LES EAUX. CONSTAMMENT CHANGEANTS, ILS GARDENT LEURS SECRETS ET LEUR MYSTÈRE. PARFOIS, CES ÉTANGS SONT D'EAU DOUCE, MAIS LA MER CONTINUANT DE GAGNER ET L'EAU DE S'ÉVAPORER, ILS RISQUENT DE DEVENIR PLUS SALÉS QUE LA MER. MÊME SI CES ÉTENDUES D'EAU VARIENT EN TAILLE, AU GRÉ DES ALLUVIONS ET DES MARÉES, ELLES RESTENT ESSENTIELLEMENT CALMES ET STAGNANTES ET DE NOMBREUX POISSONS SE NOURRISSENT DES ALGUES QUI Y PROLIFÈRENT.

LES EAUX SONT POISSONNEUSES, MAIS C'EST LA VIGNE QUI A TOUJOURS ÉTÉ LA PRÉOCCUPATION MAJEURE DU

LANGUEDOC-ROUSSILLON. ON A PEUT-ÊTRE LÀ LE PLUS ANCIEN VIGNOBLE DE FRANCE. TANT EST ANCIENNE LA TRADITION QUE LES PROPRIÉTAIRES VENDRAIENT PLUTÔT LEURS DEMEURES QUE LEURS VIGNES. LE VIN EST PARTOUT. IL Y A DES VINS DE MER, DES VINS DE SABLE, DE PLAINE, DE COTEAUX, DE MONTAGNE ET DE DEMI-MONTAGNE. UNE MÊME MONTAGNE PEUT FOURNIR TROIS TYPES DE VINS OU PLUS, SUIVANT L'ALTITUDE. LES VIGNOBLES POUSSENT AUSSI AU BORD DE LA MER ET AUTOUR DES MARAIS.

LA VIGNE S'ADAPTE BIEN, PROSPÉRANT DANS DES TERRAINS VARIÉS, SOUVENT ÉTROITS, MAIS TOUJOURS INONDÉS DE SOLEIL. LES AVERSES SUBITES ET LES COUPS DE VENT QUI DESSÈCHENT, PARTICULIÈREMENT LA TRAMONTANE, NUISENT À LA QUALITÉ ET À LA QUANTITÉ DU RAISIN. LE MEILLEUR VIN, DIT-ON, POUSSE SUR LES SOLS PIERREUX ET CETTE CÔTE JUSTEMENT, EST ROCAILLEUSE, TELLEMENT MÊME, QUE LES FERMES SONT SOUVENT BÂTIES AVEC LES PIERRES RETIRÉES DES CHAMPS QU'ON A PRÉPARÉS POUR LA VIGNE. CETTE MOSAÏQUE DE SOLS PRODUIT UN ASSORTIMENT DE CRUS QUI VA DES GRANDES APPELLATIONS VENDUES DANS LE MONDE ENTIER, AU VIN DE TABLE LE PLUS ORDINAIRE. LES VIGNOBLES DU LANGUEDOC-ROUSSILLON CONSTITUENT LA PLUS GRANDE RÉGION VINICOLE AU MONDE ET REPRÉSENTENT LE TIERS, VOIRE LA MOITIÉ, DE LA PRODUCTION ANNUELLE FRANÇAISE.

AVANT LA RÉVOLUTION, LE VIN ÉTAIT HABITUELLEMENT RÉSERVÉ AUX MARIAGES ET AUX FÊTES. A LA SUITE DE LA RÉVOLTE DE 1789, LES PAYSANS SE VIRENT ATTRIBUER LES TERRES QUI AVAIENT ÉTÉ CONFISQUÉES À LA NOBLESSE. LEURS PROPRIÉTÉS ALLAIENT DE UN À QUATRE HECTARES. L'INDUSTRIALISATION AMENA DES MOYENS NOUVEAUX, MAIS AUSSI DE NOUVEAUX SOUCIS ET, LES DEUX COMBINÉS, FIRENT GRIMPER LA CONSOMMATION DE VIN ET D'ALCOOL. UNE FAMILLE PAYSANNE S'APERÇUT QU'ELLE POUVAIT FORT BIEN VIVRE DE LA SEULE CULTURE DE LA VIGNE, CE QUI ÉTAIT IMPOSSIBLE AVEC QUELQUE AUTRE CULTURE QUE CE SOIT. LES CHAMPS DE CÉRÉALES FURENT RAPIDEMENT CONVERTIS EN VIGNOBLES, CE QUI EXPLIQUE LA QUASI MONOCULTURE QU'ON OBSERVE AUJOURD'HUI DANS LA RÉGION.

LA PRODUCTION VA DES VARIÉTÉS DE VINS BLANCS SECS AUX ROUGES CORSÉS, EN PASSANT PAR LES ROSÉS. *LE FITOU* EST UN VIN ROUGE RÉPUTÉ POUR SON BOUQUET ET S'ENORGUEILLIT D'ÊTRE LA PLUS ANCIENNE APPELLATION DE LA CONTRÉE. DANS LE LANGUEDOC, LE *LISTEL GRIS*, QUI POUSSE DANS LE SABLE, VA PARTICULIÈREMENT BIEN AVEC LES POISSONS ET LES COQUILLAGES. DANS LE ROUSSILLON, LE *ROSÉ DES CORBIÈRES* EST UN IMPÉRATIF AVEC LA SPÉCIALITÉ LOCALE : L'ANGUILLE POÊLÉE AU PERSIL. LES CATALANS, POUR LE PLAISIR DU PALAIS, ARRÊTENT LA FERMENTATION DU RAISIN ASSEZ TÔT, QUAND IL EST ENCORE SUCRÉ, PUIS AJOUTENT DE L'ALCOOL PUR. CES VINS REPRÉSENTENT QUATRE-VINGT-DIX POUR CENT DES VINS FRANÇAIS DE DESSERT ET PASSENT POUR ÊTRE LES VINS LES PLUS FINS QUE L'ON PUISSE ASSOCIER AUX GÂTEAUX CHOCOLATÉS.

CE FURENT LES TEMPLIERS QUI LES PREMIERS, AU XIII SIÈCLE, CUEILLIRENT LES CÉPAGES DE GRENACHE ET EN FIRENT LES *GRANDS CRUS DE BANYULS*, SI APPRÉCIÉS DE NOS JOURS. L'ORDRE DES TEMPLIERS, FONDÉ LORS DE LA PREMIÈRE CROISADE À JÉRUSALEM, EN 1118, REGROUPAIT DES CHEVALIERS EN UNE FRATERNITÉ RELIGIEUSE ET GUERRIÈRE. EN COMPENSATION DE LEURS HAUTS FAITS MILITAIRES, ILS REÇURENT DES TERRES ET LEUR ORDRE DEVINT RAPIDEMENT RICHE ET PRESTIGIEUX. UN SIÈCLE PLUS TARD, ILS CONSTRUISIRENT LE CHÂTEAU ROYAL DE COLLIOURE. L'INTÉRÊT QU'ILS MONTRAIENT POUR LES ENSEIGNEMENTS ANCIENS DES JUIFS ET DES SARRASINS DÉPLUT AU CONFORMISME DES AUTORITÉS PAPALES QUI SE MIT À LES PERSÉCUTER COMME HÉRÉTIQUES. ON SUPPOSE AUJOURD'HUI QUE LA FRATERNITÉ DES FRANCS-MAÇONS A SES ORIGINES DANS CET ORDRE ÉCLAIRÉ.

LES CATHARES FORMAIENT L'AUTRE SECTE QUI RÉAGIT CONTRE LA DOMINATION DES ETATS PAPAUX, AUX XIE ET XIIE SIÈCLES. DANS LEUR VUE DUALISTE DU MONDE, UN DIEU BIENVEILLANT COMMANDAIT AUX CIEUX, TANDIS QUE LE DIABLE RÉGNAIT SUR LA TERRE ET SUR L'HOMME. PRÊCHANT DES IDÉES QUI TROUVERAIENT UN ÉCHO À NOTRE ÉPOQUE, CES GENS ÉTAIENT PACIFISTES ET

VÉGÉTARIENS. ON RESPECTAIT LA FEMME, QUI AVAIT SON STATUT ET QUI BÉNÉFICIAIT DE DROITS ÉGAUX À CEUX DE SON MARI.

LES IDÉES DES CATHARES ÉTAIENT EXTRÉMISTES, MAIS CE N'ÉTAIENT PAS LEURS IDÉES, NON PLUS QUE LE NOMBRE DE LEURS ADEPTES, QUI FAISAIENT SI PEUR À LA PAPAUTÉ, MAIS BIEN LES CLASSES SOCIALES QU'ILS ATTIRAIENT : LES MARCHANDS, LES BOURGEOIS ET LES NOBLES. L'ÉGLISE S'ENTENDIT AVEC LA ROYAUTÉ POUR ÉRADIQUER CETTE SECTE EN UN GÉNOCIDE SANS PITIÉ. LA CROISADE DES ALBIGEOIS, EN 1209, AVAIT ORDRE D'ÊTRE RADICALE, ET CEUX QUI Y ÉCHAPPÈRENT FURENT ANNIHILÉS PAR L'INQUISITION AU DÉBUT DU XIVE SIÈCLE.

APRÈS LE PASSAGE DES CROISADES, À L'OCCASION DESQUELLES LOUIS IX AVAIT FAIT CONSTRUIRE AIGUES-MORTES, LES TOURS DE PIERRE DE LA TOUR DE CONSTANCE FOURNIRENT UNE EXCELLENTE GEÔLE POUR LES PRISONNIERS POLITIQUES ET RELIGIEUX. LES TEMPLIERS, COMME LES PROTESTANTS, SE RETROUVÈRENT PARMI LES PERSÉCUTÉS AU COURS DES TEMPS. ON PEUT ENCORE VOIR DE NOS JOURS, GRAVÉ DANS LA PIERRE ÉPAISSE PAR LA PROTESTANTE LÉGENDAIRE MARIE DURAND, CES MOTS : *REGISTER*! (RÉSISTER, EN PROVENÇAL). EMPRISONNÉE POUR LA PREMIÈRE FOIS QUAND ELLE N'ÉTAIT QU'UNE ADOLESCENTE, AU MILIEU DU XVIIIE SIÈCLE, ELLE RESTA ENFERMÉE PENDANT PRESQUE QUARANTE ANS. SA FOI INÉBRANLABLE ET L'ÉNERGIE INFATIGABLE QU'ELLE MONTRA POUR SOIGNER SES COMPAGNONS, LEUR PERMIT DE CONSERVER L'ESPOIR, MALGRÉ LES CONDITIONS DIFFICILES ET PÉNIBLES DE LA PRISON. DE NOS JOURS, CETTE TOUR SERT DE SANCTUAIRE POUR LES PROTESTANTS, QUI RÉVÈRENT LA SAINTE TRINITÉ, MAIS NI LA PAPAUTÉ NI LES SAINTS.

A AIGUES-MORTES, *LOU DRAPE* HANTE LES REMPARTS — TOUS LES ENFANTS SONT PRÉVENUS. CE CHEVAL MYTHIQUE DONT LE CORPS S'ALLONGE À VOLONTÉ, GALOPE LA NUIT ET PEUT PRENDRE SUR SON DOS UNE CENTAINE D'ENFANTS DÉSOBÉISSANTS QU'IL EMPORTE DANS LES MARAIS. ON NE LES REVERRA JAMAIS, ET LE BRUIT COURT QU'ILS SERONT DÉVORÉS.

LE LANGUEDOC, DONT LES RACINES SONT SURTOUT ROMAINES, A UN HÉRITAGE DE POÉSIE, DE LITTÉRATURE ET DE CHANSONS QUI LUI VIENT DES PREMIERS TROUBADOURS. SÈTE EST FIÈRE DE SES DEUX FILS FAVORIS, PAUL VALÉRY ET GEORGES BRASSENS. ILS ONT RENDU HOMMAGE AVEC GRATITUDE À L'INSPIRATION REÇUE DE LEUR VILLE NATALE ET DE SON SITE MÉDITERRANÉEN PROPICE.

POUR LES CATALANS, LA TRADITION EST PLUTÔT ORALE, PLEINE DE COULEURS ET DE PASSION ET CECI SE REFLÈTE DANS LEURS CHANTS ET LEURS DANSES. LA SENSUALITÉ DES COULEURS A ENTHOUSIASMÉ LES FAUVES. LEUR ÉCOLE DE PEINTURE A ÉTÉ DE COURTE DURÉE (1904-1908), MAIS A EU UNE GRANDE INFLUENCE. ILS ONT DÉGAGÉ LA COULEUR DE LA FORME, L'UTILISANT PLUTÔT POUR CRÉER L'ÉMOTION. MATISSE A DIT : 'LE FAUVISME N'EST PAS TOUT, MAIS C'EST LA BASE DE TOUT.' CE PEINTRE ÉTAIT VENU À COLLIOURE EN 1905, POUR PEINDRE AVEC SES AMIS DERAIN, SIGNAC ET DUFY. C'ÉTAIT UNE PÉRIODE CRUCIALE. A LA FIN DE L'ÉTÉ, LE JEUNE MATISSE AVAIT COMPLÈTEMENT CHANGÉ SA PALETTE DE COULEURS ET SA MANIÈRE DE PEINDRE. PENDANT LES QUARANTE ET UNE ANNÉES QUI SUIVIRENT, IL DEVAIT REVENIR CHAQUE ÉTÉ VERS SA MUSE, SUR LA CÔTE DU ROUSSILLON.

MÊME SI LE LANGUEDOC ET LE ROUSSILLON ONT ÉTÉ RASSEMBLÉS POUR FORMER UNE RÉGION ADMINISTRATIVE, UNE CERTAINE DUALITÉ EXISTERA TOUJOURS ENTRE LEURS TERRES ET LEURS POPULATIONS. LEURS RACINES HISTORIQUES ET LEURS AFFINITÉS RELIGIEUSES LES ONT FAIT, AUTREFOIS, SE REPOUSSER COMME DEUX AIMANTS. LES SIÈCLES DE PERSÉCUTION ET DE CARNAGE HANTENT L'ÂME DE CETTE RÉGION. AUJOURD'HUI ENCORE, LES GENS SE SOUVIENNENT, MAIS CE N'EST PAS POUR CONTINUER À SE BATTRE, C'EST POUR ESSAYER DE TROUVER LA PAIX ET L'HARMONIE TOUS ENSEMBLE. CE SONT DES GENS INTELLIGENTS ET SPIRITUELS, FIERS ET GÉNÉREUX. LÀ OÙ IL Y EUT NAGUÈRE DIVISION ET COMBATS, LA RÉGION OFFRE DÉSORMAIS AVEC FIERTÉ SA SEULE DIVERSITÉ, SOURCE DE TOUTES LES RICHESSES.

SALSES

ETANG DE PRÉVOST

VALRAS

(LA TOR MADELCC) TOUR MADELOC

AIGUES-MORTES

BAGES

BAGES

FLEURY D'AUDE

CERBÈRE (CERBERA)

MONTAGNE DE CLAPE

COLLIOURE (COTLLIURE)

ETANG DE SIGEAN

(COSTA VERMELLA) CÔTE VERMEILLE

FONTFROIDE

BOUZIGUES

GRUISSAN

GRUISSAN

AIGUES-MORTES

COLLIOURE (COTLLIURE)

BOUZIGUES

SETE

PORT-VENDRES

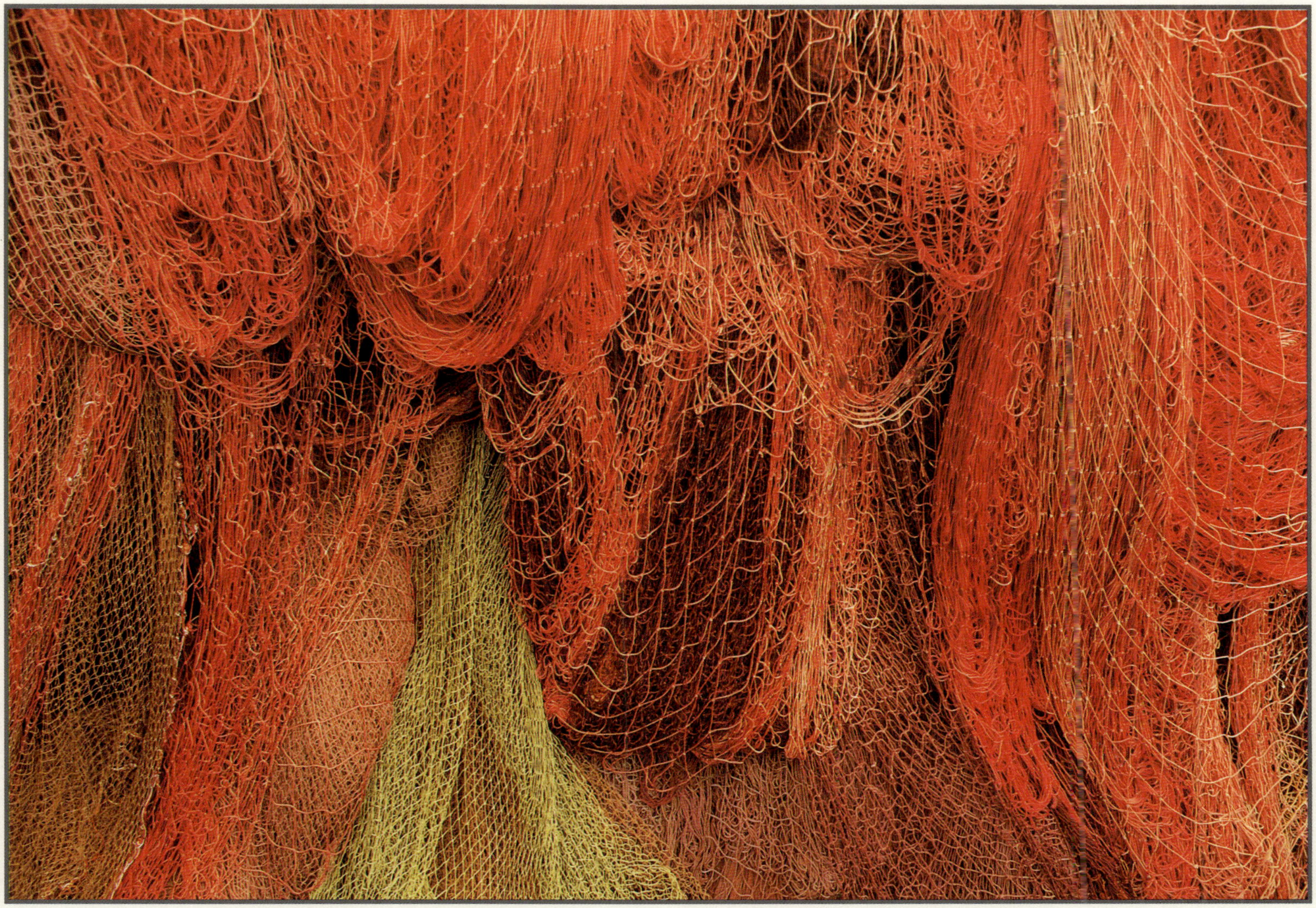

SETE

PALAVAS-LES-FLOTS

PALAVAS-LES-FLOTS

(PLATJE DE CANET) CANET-PLAGE

PORT-LA-NOUVELLE

LE-GRAU-DE-ROI

(LI SANTI MARIO DE LA MAR) LES SAINTES-MARIES DE LA MER

CAMARGUE

La vraie Camargue, la sauvage, la toujours vierge et toujours belle, c'est celle-ci, la Basse, en pleine naissance cosmique, émergeant des eaux qui la créent sous un soleil neuf à chaque aube, terre encore chaude et molle, moitié sel, mi-réelle, mi-illusoire, qui flotte entre deux ciels : le vrai et son reflet sur l'eau. Le vrai, là-haut, rutile et éblouit, mais ici-bas, son double pur qui bouge est tellement plus émouvant d'être cette image immatérielle !

– Maria Mauron (Ombre et Lumière)

PLAT COMME IL L'EST À PERTE DE VUE, ET APPAREMMENT DÉSERT, LE PAYSAGE CAMARGUAIS EN ÉTÉ OFFRE UNE GRANDE HARMONIE DANS SA TRANQUILLITÉ. L'HOMME Y RENCONTRE LA BÊTE ET LA NATURE; DANS UN PROFOND RESPECT MUTUEL, ILS PROSPÈRENT ENSEMBLE. DE BLANCS CHEVAUX SAUVAGES COEXISTENT AVEC DES TAUREAUX INQUIÉTANTS, FOURNISSANT TOUS LES DEUX DES PERCHOIRS POUR LES AIGRETTES, QUI, À LEUR TOUR, DÉBARRASSENT LEURS HÔTES DES SANGSUES ET DES AUTRES INSECTES INDÉSIRABLES. IL FAUT SAVOIR PÉNÉTRER LE SILENCE DE L'IMMOBILITÉ AMBIANTE POUR ENTENDRE ET COMPRENDRE LES MYSTÈRES QUE RECÈLE LA CAMARGUE. UN INSTANT PLUS TARD LE MISTRAL PEUT SE METTRE À SOUFFLER ET TOUT VA CHANGER. C'EST UNE TERRE SAUVAGE, UNE TERRE VIERGE, QUI SE RENOUVELLE SANS CESSE. JAMAIS APPRIVOISÉE, LES BERGERS LOCAUX, QU'ON NOMME GARDIANS, NE PEUVENT QU'ESPÉRER LA BRIDER. LEUR CONFRÉRIE S'APPELLE 'NANCION GARDIAN' ET SA MISSION EST DE PRÉSERVER CETTE TERRE RUDE ET EXQUISE.

LES 'MANADES' SONT LES RANCHS SITUÉS SUR LES BORDS DES MARAIS QU'ILS SE PARTAGENT. IL EXISTE UN FORT CODE DE L'HONNEUR CHEZ LES MANADIERS. LEURS ACCORDS SONT VERBAUX. IL N'Y A PAS DE FRAIS POUR LES SAILLIES, C'EST AU CONTRAIRE UN HONNEUR LORSQU'UN ÉTALON EST CHOISI POUR ASSURER LA REPRODUCTION D'UNE JUMENT. LES PROPRIÉTAIRES LAISSENT LEURS ANIMAUX SE CÔTOYER ET PARCOURIR LE MARAIS EN TOUTE LIBERTÉ. LE 'GARDIAN' VA CHOISIR LE CHEVAL QU'IL VEUT ROMPRE ET LUI GARDERA SA PRÉFÉRENCE TANT QUE L'ANIMAL VIVRA. REMONTANT À LA PRÉHISTOIRE, LE CHEVAL CAMARGUAIS EST PETIT MAIS A LE PIED SÛR; QUAND LE GARDIAN EST EN PÉRIL, IL SE FIE À L'INSTINCT INFAILLIBLE DE SA MONTURE ET À SON AGILITÉ AU MILIEU DES MARAIS AU SOL INÉGAL. IL FAUT RESPECTER LES LOIS NATURELLES. DANS LE CAS D'UN TROUPEAU DE CHEVAUX, ON PEUT S'APPROCHER À PIEDS; POUR UNE MANADE DE TAUREAUX, IL FAUT ABSOLUMENT ÊTRE À CHEVAL. LA RÈGLE À SUIVRE SI LES BÊTES SE METTENT À CHARGER, C'EST TOUJOURS DE SE JETER PAR TERRE ET DE SE ROULER EN BOULE — LES CHEVAUX ET LES TAUREAUX ÉVITANT INSTINCTIVEMENT DANS LEUR CHARGE CE QU'ILS PENSENT ÊTRE UN BUISSON, PASSERONT AU GALOP AUTOUR DE VOUS.

CAMARGUE

LE MARQUIS FLOCO BARONCELLI-JAVON (1869-1943) EST DEVENU UN PÈRE SPIRITUEL POUR LA CAMARGUE. IL SE DÉTOURNA DE LA SITUATION CONFORTABLE DE SA FAMILLE AVIGNONNAISE POUR ADOPTER LA VIE D'UN GARDIAN ET POÈTE. MONTRANT UN GRAND RESPECT POUR TOUTE VIE, IL SE FIT LE CHAMPION DES GITANS AINSI QUE D'AUTRES PEUPLES LAISSÉS POUR COMPTE. A SON AVIS, IL SE POUVAIT QUE LES GITANS AIENT UN ANCÊTRE COMMUN AVEC LES INCAS DU PÉROU ET LES INDIENS D'AMÉRIQUE DU NORD. IL FUT HEUREUX D'ACCUEILLIR EN EUROPE LE GRAND SPECTACLE DE LA CONQUÊTE DE L'OUEST. IL FUMA LE CALUMET DE LA PAIX AVEC LES CHEFS SITTING BULL ET BUFFALO BILL, CE DERNIER LUI DONNA MÊME SON LASSO EN SOUVENIR.

A SA MORT, BARONCELLI LAISSA UNE SOMME DE CONNAISSANCES ET DE PERFECTIONNEMENTS CONCERNANT LA VIE DES GARDIANS. LA GRANDE MAJORITÉ DES TAUREAUX QUI SE PROMÈNENT EN LIBERTÉ EN CAMARGUE AUJOURD'HUI DESCEND DIRECTEMENT DE SON CHEPTEL. PAR REPRODUCTION SÉLECTIVE, IL A CONTRIBUÉ À AMÉLIORER LA RACE CAMARGUAISE. LEURS CORNES RETOURNÉES EN FORME DE LYRE DISTINGUENT LES TAUREAUX CAMARGUAIS DES TAUREAUX ESPAGNOLS. ILS SONT AUSSI PLUS LÉGERS, PLUS VIFS, MONTRENT UNE ENDURANCE PLUS GRANDE ET DEUX FOIS PLUS DE RAPIDITÉ DANS LES DEMI-TOURS OU EN SIMPLE COURSE EN LIGNE DROITE. LE TAUREAU EST SYMBOLE DE PUISSANCE, DE VIOLENCE ET DE MORT : SEULS LES INITIÉS DEVRAIENT OSER S'EN APPROCHER. BARONCELLI SE SENTAIT EN ACCORD AVEC CES CRÉATURES NOBLES ET SAUVAGES QUI PLEURENT RITUELLEMENT LEURS MORTS PAR DES BEUGLEMENTS DÉSESPÉRÉS. EN 1960, LORS DE SES FUNÉRAILLES TARDIVES (IL ÉTAIT MORT EN AVIGNON OÙ L'AVAIENT EXILÉ LES NAZIS), SON CORTÈGE FUNÈBRE FUT SUIVI, DE CETTE VILLE JUSQU'À SON MAS 'LE SIMBEU', PAR LES GITANS ET LES GARDIANS QUI LUI RENDAIENT AINSI UN DERNIER HOMMAGE. FAIT MYSTÉRIEUX, LES TAUREAUX ALIGNÉS DE PART ET D'AUTRE DE LA ROUTE, ACCOMPAGNAIENT LA PROCESSION. LE GARDIAN RENÉ BARBUT SE SOUVIENT QUE 'NOMBRE D'ENTRE EUX MUGISSAIENT COMME SI C'ÉTAIT LE RAMADAN'.

L'ARÈNE EST LE CENTRE DE BEAUCOUP DE FÊTES TRADITIONNELLES. QU'IL GAGNE SA GLOIRE PERSONNELLE DANS LA 'COCARDE' (OÙ IL SURVIT) OU DANS LA 'CORRIDA' CONTROVERSÉE (OÙ IL EST TUÉ), L'IMPOSANT TAUREAU EST RÉPUTÉ POUR LA PLACE IMPORTANTE QU'IL A DANS LE FOLKLORE CAMARGUAIS. DANS 'L'ABBRIVADO', CE SONT LES SPECTATEURS QUI CRÉENT LE SPECTACLE. A LA DEXTÉRITÉ DES GARDIANS QUI ESCORTENT LES TAUREAUX DANS LES RUES DE LA VILLE, S'OPPOSE COMME UN DÉFI LA TURBULENCE DES JEUNES QUI FONT ÉTALAGE DE LEUR BRAVOURE EN ATTRAPANT LA QUEUE DU TAUREAU ET EN S'Y AGRIPPANT, ESPÉRANT PROVOQUER UNE 'ESCAPADO', UNE ÉCHAPPÉE DU TAUREAU. LA CONFUSION AUGMENTE ALORS QUE LA FOULE GROSSIT JUSQU'À CE QUE LE GARDIAN RAMÈNE L'ORDRE. TOUT CE JEU N'EST PAS SANS DANGER. ON RACONTE QUE LES JEUNES MARIÉES AVAIENT NAGUÈRE UNE MISSION QUI LEUR ÉTAIT PROPRE : ALLER TOUCHER LES TESTICULES DU TAUREAU. ELLES CROYAIENT QUE LE COURAGE DE LA BÊTE (ON POURRAIT AUSSI PARLER DE CELUI DE LA MÈRE) SE RETROUVERAIT DANS LA VIRILITÉ D'UN FILS À VENIR.

LOIN DES FOULES, SUIVANT INTUITIVEMENT LE SOLEIL, LES TAUREAUX PAISSENT TRANQUILLEMENT AU MILIEU DES DEUX MILLE HECTARES DE TERRAIN COMMUNAL QU'ILS PARTAGENT AVEC LES CHEVAUX. LE PRINTEMPS RAMÈNE LA 'FERRADE' RITUELLE PENDANT LAQUELLE LES VEAUX SONT MARQUÉS AU FER ROUGE, CE QUI LEUR PERMETTRA ENSUITE DE VAGABONDER EN TOUT LIBERTÉ. LORS DU MARQUAGE, LES VEAUX SONT POUSSÉS HORS DU TROUPEAU PAR GROUPE DE TROIS OU QUATRE, SAISIS PAR LES CORNES ET PLAQUÉS AU SOL. LÀ LE PROPRIÉTAIRE IMPRIME DANS LA PEAU SON FER BRÛLANT QUI LAISSE SA MARQUE EN GRÉSILLANT. UN PETIT FEU DE BOIS MAINTIENT LES FERS CHAUDS; L'ODEUR DE LA FUMÉE ET LE SIFFLEMENT DU FER CONTRIBUENT À CRÉER L'AMBIANCE DU RITUEL.

POUR LES CHEVAUX, LE PRINTEMPS EST L'ÉPOQUE DE L'APPARIEMENT. UN ÉTALON PREND EN CHARGE UN TROUPEAU DE FEMELLES ET MARQUE SON TERRITOIRE QUI PEUT LUI ÊTRE CONTESTÉ DE TEMPS EN TEMPS DURANT LA SAISON. LES JUMENTS

JALOUSES SE QUERELLENT POUR OBTENIR LES FAVEURS DE L'ÉTALON. PLUS TARD, QUAND ELLES SONT PLEINES. ELLE SE REGROUPERONT, SE MORDILLANT LES UNE LES AUTRES AVEC AFFECTION. AU MOMENT DE METTRE BAS, LA JUMENT CHERCHE UN ENDROIT À L'ÉCART. LES NAISSANCES ONT TOUJOURS LIEU DANS LES HEURES QUI SUIVENT MINUIT. LE POULAIN NAÎT NOIR OU BRUN FONCÉ; IL DEVIENT BIENTÔT GRIS, MAIS CE N'EST QU'À L'ÂGE DE QUATRE ANS QU'IL REVÊT LE BLANC MANTEAU DE SA MATURITÉ. DORMIR ET TÉTER SA MÈRE SUFFISENT À REMPLIR LE PREMIER JOUR DE SA VIE; DÈS LE DEUXIÈME, IL EST ASSIMILÉ AU TROUPEAU ET VIT À SON RYTHME. SIX MOIS PLUS TARD, À L'AUTOMNE, IL SERA MARQUÉ AUX FERS.

LE MARQUAGE DES CHEVAUX EST UN PEU DIFFÉRENT DE CELUI DES TAUREAUX. TOUTES LES JUMENTS SONT PARQUÉES DANS UN CORRAL OÙ LES POULAINS SONT INTRODUITS UN PAR UN. INSTINCTIVEMENT, ILS VONT VERS LEUR MÈRE ET COMMENCENT À TÉTER, CE QUI CONFIRME LEUR PEDIGREE POUR LA TENUE DES LIVRES. CERTAINES JUMENTS RESTENT CACHÉES PARMI LE TROUPEAU, D'AUTRES VONT À LA RENCONTRE DE LEUR PETIT. A LES ENTENDRE S'APPELER ET SE RÉPONDRE DE LEURS HENNISSEMENTS EXPRESSIFS, ON NE PEUT DOUTER DE LEUR LIEN ÉTROIT ET DE LEUR CAPACITÉ À COMMUNIQUER PROFONDÉMENT. QUAND LE POULAIN NOUVELLEMENT INTRODUIT A TÉTÉ QUELQUES MINUTES, TOUTES LES JUMENTS L'ENTOURENT, ESSAYANT D'EMPÊCHER LES GARDIANS D'ATTRAPER LE JEUNE CHEVAL AU LASSO. POUR LES JUMENTS, C'EST UN COMBAT PERDU D'AVANCE, MAIS ELLES PEUVENT GAGNER UN PEU DE TEMPS. TENDU, INQUIET, LE COLT EST TERRORISÉ QUAND ON LE FORCE AU SOL; SA PEUR EST SANS DOUTE PLUS GRANDE QUE NE L'EST LA DOULEUR CAUSÉE PAR LE MARQUAGE. PLUS CHANCEUX QUE LES TAUREAUX, LES POULAINS S'EN IRONT REJOINDRE RAPIDEMENT LEURS MÈRES QUI LES RÉCONFORTERONT GENTIMENT. CES QUELQUES MINUTES DE DÉTRESSE ET DE DOULEUR LEUR VALENT TOUTE UNE VIE DE DEMI LIBERTÉ. MÊME LES CHEVAUX QUI SERVENT AUX PROMENADES DES TOURISTES PENDANT LA JOURNÉE, SONT LAISSÉS RELATIVEMENT LIBRES DE VAGABONDER PENDANT LA NUIT. DANS LA CHALEUR DE L'ÉTÉ, LES BÊTES RESTENT SOUVENT IMMOBILES ET EN CERCLE, LE SEUL MOUVEMENT APPARENT ÉTANT CELUI DE LEUR QUEUE. MAIS AU COURS DES SAISONS, ON PEUT AVOIR LA CHANCE DE LES CONTEMPLER EN PLEIN JEU. C'EST UN SPECTACLE FÉERIQUE QUE DE LES VOIR FOLÂTRER EN TENDANT LEURS COUS EN ARRIÈRE, TORDANT LEURS LÈVRES ET S'ENVOYANT DES BAISERS LES UNS AUX AUTRES.

A LEUR RETOUR DE TUNISIE ET D'ESPAGNE, AU DÉBUT DU PRINTEMPS, LES FLAMANDS ROSES SE RASSEMBLENT EN CAMARGUE, LEUR SEUL LIEU D'ACCOUPLEMENT ET DE NIDATION EN EUROPE. LES FLAMANDS FORMENT UN COUPLE POUR LA VIE ENTIÈRE. APRÈS LA DANSE NUPTIALE, TOUS LES COUPLES DU GROUPE CONSTRUISENT LEUR NID EN MÊME TEMPS ET TOUTES LES FEMELLES PONDENT DE CONCERT DANS LE SOL FANGEUX. MÈRE ET PÈRE SE RELAIENT POUR NOURRIR LES PETITS; EN AGITANT LEURS PATTES D'AVANT EN ARRIÈRE, ILS UTILISENT LEURS FINES GRIFFES POUR ATTRAPER DES CREVETTES ET D'AUTRES ANIMAUX QU'ILS TROUVENT DANS LES EAUX STAGNANTES DU MARAIS. LES OISILLONS NAISSENT BLANCS, ILS DEVIENNENT ROSES EN MANGEANT LES CREVETTES QUE LEUR APPORTENT LEURS PARENTS! PARMI LES QUATRE CENTS ESPÈCES RÉPERTORIÉES EN CAMARGUE, SE TROUVE L'AIGRETTE BLANCHE QU'ON VOIT SI SOUVENT PARMI LES TAUREAUX ET LES CHEVAUX. ELLE NICHE DANS LES PINS PARASOLS ET COMME CHEZ LES FLAMANDS, DES CENTAINES DE COUPLES ÉLÈVENT LEURS PETITS EN MÊME TEMPS. LES GROUPES SE DISPERSENT QUAND TOUS ONT APPRIS À VOLER.

DANS CETTE RÉGION OÙ LA NATURE EST REINE, LE MISTRAL EST SON VASSAL. SON NOM VIENT DU PROVENÇAL 'MESTRE', C'EST-À-DIRE MAÎTRE. CE SAUVAGE VENT DU NORD A LA RÉPUTATION DE POUVOIR DÉCORNER LES TAUREAUX. ON CONSEILLE AUX FEMMES ENCEINTES DE NE PAS LUI TOURNER LE DOS, MAIS LUI FAIRE FACE N'EST PAS SI FACILE; IL HURLE, SIFFLE ET SOULÈVE LE SABLE QU'IL VOUS JETTE AU VISAGE. LE TRADITIONNEL MAS CAMARGUAIS EST CONSTRUIT AVEC UNE EXTRÉMITÉ ARRONDIE TOURNÉE AU NORD-OUEST AFIN QUE LE TOIT DE CHAUME NE SOIT PAS ARRACHÉ PAR LE MISTRAL. MÊME SI LES ARBRES QUI ENTOURENT LE MAS

OFFRENT UNE OMBRE BIENVENUE CONTRE L'ARDENT SOLEIL DE L'ÉTÉ, ILS FURENT À L'ORIGINE PLANTÉS POUR PROTÉGER LA CAMPAGNE DES RAVAGES DU VENT. POUR UNE PROTECTION PLUS TOTALE, ET POUR REPOUSSER LE MALIN, LE MAS EST DÉCORÉ D'UNE CROIX OU D'UNE PAIRE DE CORNES DE TAUREAU.

PROVENÇAUX PRATIQUES ET CHALEUREUX, LES CAMARGUAIS SONT UN PEUPLE FIER, RELIGIEUX, QUI HONORE LES LIENS SACRÉS QUI LES LIENT À LEUR CONTRÉE. CERTAINS PENSENT QUE LE CHRISTIANISME S'EST RÉPANDU À PARTIR DE LA CAMARGUE, ET LES LÉGENDES Y ABONDENT QUANT À L'ARRIVÉE DES PREMIERS DISCIPLES. UNE LÉGENDE RAPPORTE QUE MARIE JACOBÉ (SŒUR DE LA VIERGE MARIE ET MÈRE DES DISCIPLES JOSEPH ET JACQUES LE MINEUR) ET MARIE SALOMÉ (MÈRE DES APÔTRES JACQUES ET JEAN L'EVANGÉLISTE) AINSI QUE LAZARE, MARTHE ET MARIE-MAGDELEINE. BANNIS DE JUDÉE, DURENT QUITTER LE PAYS DANS UNE BARQUE. SUR LA PLAGE, SARA, L'ESCLAVE ÉGYPTIENNE DE MARIE-JACOBÉ, DÉSESPÉRÉE DE LES VOIR S'ÉLOIGNER, SANGLOTAIT TANT ET TANT QUE MARIE-JACOBÉ LUI LANÇA SON MANTEAU AFIN QU'ELLE PUT MARCHER DESSUS POUR LES REJOINDRE À BORD. LA BARQUE FUT POUSSÉE SUR LES FLOTS JUSQU'AU RIVAGE DE CE QUI EST AUJOURD'HUI LA VILLE DES SAINTES-MARIES-DE-LA-MER. SARA FUT ALORS LIBÉRÉE ET BAPTISÉE ET CONTRIBUA BIENTÔT À PROPAGER LE CHRISTIANISME.

UNE AUTRE LÉGENDE PRÉTEND QUE SARA ÉTAIT LE CHEF DES GITANS QUI VIVAIENT DÉJÀ EN CAMARGUE ET QU'ELLE ÉTAIT VENUE ACCUEILLIR LES CHRÉTIENS PERSÉCUTÉS, DONT LA BARQUE VENAIT DE S'ÉCHOUER SUR LA GRÈVE. EN SE CONVERTISSANT AU CHRISTIANISME, ELLE ENTRAÎNA SON PEUPLE DANS LA FOI NOUVELLE. BARONCELLI CROIT POSSIBLE QUE SARA AIT ÉTÉ UNE PRINCESSE, FILLE DU PRÊTRE-ROI DES TAUREAUX. LORS DE L'ASSIMILATION DES DÉITÉS PRIMITIVES DANS LE CHRISTIANISME, ELLE SERAIT DEVENUE SAINTE SARA.

QUELLE QUE SOIT LA VÉRITÉ DERRIÈRE CES LÉGENDES, DES PÈLERINAGES AUX SAINTES-MARIES ONT EXISTÉ DEPUIS LE VI^E^ SIÈCLE. CES PROCESSIONS RELIGIEUSES VERS LA MER AVAIENT LA RÉPUTATION DE GUÉRIR LA FOLIE, ET CECI CONTINUA JUSQU'AU XVIIIE SIÈCLE, LES MALADES ÉTANT DÉSHABILLÉS ET JETÉS DANS LA MER POUR LES GUÉRIR.

LES GITANS COMMENCÈRENT À SE JOINDRE AU PÉLERINAGE AU MILIEU DU XIXE SIÈCLE. LEUR PRÉSENCE DEVINT OFFICIELLE QUAND BARONCELLI, EN 1935, DÉCRÉTA QUE LE 24 MAI SERAIT LE JOUR DE SAINTE SARA (LE 25 ÉTANT LE JOUR DE SAINTE MARIE-JACOBÉ). SAINTE SARA N'A PAS ÉTÉ ENCORE FORMELLEMENT RECONNUE PAR L'EGLISE. EN 1967, LA HIÉRARCHIE CATHOLIQUE JUGEA PRÉFÉRABLE DE REMPLACER LA FÊTE DE SARA PAR CELLE DE LA VIERGE MARIE. LES GITANS N'HÉSITÈRENT PAS UN INSTANT À SAISIR LE CURÉ QUI VENAIT LEUR ANNONCER LA MAUVAISE NOUVELLE ET À LE JETER DANS L'EAU. ILS LE GARDÈRENT COMME OTAGE, FORMANT UNE BARRICADE LE LONG DE LA PLAGE, TENANT LEURS COUTEAUX OUVERTS À LA MAIN ; L'ARCHEVÊQUE D'AIX SE PRÉCIPITA SUR LES LIEUX, POUR DÉCLARER, APRÈS RÉFLEXION, QUE STE SARA, APRÈS TOUT, NE SERAIT PAS REMPLACÉE.

DE NOS JOURS, DES MILLIERS DE GENS SE RASSEMBLENT RESPECTUEUSEMENT, TANDIS QUE LE CLERGÉ DÉFILE DERRIÈRE LES GARDIANS À CHEVAL, LES GITANS ET LES CAMARGUAIS, DANS LA PROCESSION QUI LES MÈNE À LA MER (SYMBOLE DE L'ARRIVÉE DES SAINTS), OÙ TOUS SONT ALORS BÉNIS. AU MILIEU DE LA BOUSCULADE, ON SENT BEAUCOUP DE DÉVOTION DANS LES CHANTS, LES BÉNÉDICTIONS ET LES REFRAINS. QUAND LES PÈLERINS SONT REVENUS EN VILLE, LE SACRÉ CÈDE LA PLACE AU SÉCULIER ; LE RESTANT DU JOUR ET DE LA NUIT SERA JOYEUSEMENT RENDU AUX GROUPES DE MUSICIENS QUI SE FORMENT À L'IMPROVISTE ET QUI ATTIRENT ET CHARMENT LA FOULE AVEC LES BALLADES SI ÉVOCATRICES DU FLAMENCO.

QUAND L'ÉPUISEMENT PREND LE DESSUS SUR L'EXALTATION, LA CAMARGUE RETOURNE À SON SILENCE. SEULES LES CIGALES CONTINUENT À CHANTER. LE CIEL A LE BLEU PROFOND DE MINUIT, LES ÉTOILES SCINTILLENT. LE PAYS EST REDEVENU VIERGE, QUI S'ÉVEILLERA DE NOUVEAU AU PREMIERS RAYONS, DÉJÀ BRÛLANTS, DU SOLEIL.

CAMARGUE

ETANG DE GALABERT

BEAU DUC

CAMARGUE

(LI SANTI MARIO DE LA MAR) LES SAINTES-MARIES DE LA MER

LES SAINTES-MARIES DE LA MER (LI SANTI MARIO DE LA MAR)

LES SAINTES-MARIES DE LA MER (LI SANTI MARIO DE LA MAR)

(LI SANTI MARIO DE LA MAR) LES SAINTES-MARIES DE LA MER

LES SAINTES-MARIES DE LA MER (LI SANTI MARIO DE LA MAR)

(LI SANTI MARIO DE LA MAR) LES SAINTES-MARIES DE LA MER

(LI SANTI MARIO DE LA MAR) LES SAINTES-MARIES DE LA MER

LES SAINTES-MARIES DE LA MER (LI SANTI MARIO DE LA MAR)

(LI SANTI MARIO DE LA MAR) LES SAINTES-MARIES DE LA MER

CAMARGUE

CAMARGUE

CAMARGUE

CAMARGUE

CAMARGUE

CAMARGUE

CAMARGUE

CAMARGUE

CAMARGUE

(COTI CHJAVARI) COTI-CHIAVARI

CORSE

Parole donnée et pierre lancée ne se reprennent pas.
– Proverbe Corse

Les Corses sont un peuple amical. Ils offrent tout de suite leur sourire et un accueil chaleureux à ceux qui traversent momentanément leur paradis. L'histoire, cependant, qui les a souvent obligés à se soumettre aux règles d'étrangers, les a rendus méfiants et farouches. Sur leur île de beauté incessamment prise d'assaut, ils ont été envahis par les Phocéens, les Etrusques, les Carthaginois, les Romains, les Vandales, les Ostrogoths, les Lombards, les Sarrasins, les Grecs, les Maures, les Francs, les Etats Papaux, Pise, Gênes, Milan, les Aragonais, les pirates, les Turcs, les Allemands, les Espagnols, les Anglais, les Sardes, et les Français. Leur peuple a appris à survivre et à faire bloc contre 'les autres'. Fiers, sensibles et soupçonneux, ils n'ont peut-être pas souvent réussi à repousser leurs assaillants, mais ils ont toujours résisté.

Au XVIe siècle, Sampiero Corso fut le premier à rendre célèbre à l'étranger, la vaillance et l'intrépidité corse. De sa noire bande de mercenaires, sa réputation se répandit à la cour des rois François Ier et Henri II. Un jour, en pleine bataille, il sauva la vie à Henri II qu'il persuada de libérer la Corse du joug des Génois. Malheureusement, par intérêt politique, et moins de deux ans plus tard, le roi Henri rendit l'île aux Génois. Malgré cela, à l'âge de cinquante ans, Sampiero Corso revint dans son pays natal et épousa une jeune fille de quinze ans, Vannina. Sa haine des Génois fut encore exacerbée lorsque ceux-ci osèrent le mettre en prison pendant sa lune de miel. Il passa le reste de sa vie à essayer par tous les moyens de les chasser de son île. Il en vint à soupçonner sa femme de trahison et, selon la tradition corse, il se fit juge et partie. Elle le supplia d'appliquer lui-même la sentence. Il y consentit et l'étrangla de ses propres mains. Cette poignante histoire vraie a inspiré Shakespeare dans Othello.

CORSE

Les femmes corses ont le plus souvent combattu aux côtés de leurs maris. Alors qu'elles étaient assiégées par les Génois dans Bonifacio, en 1347, les femmes, dit la légende, en vinrent à donner le sein à leurs hommes affamés. A peu près quatre cents ans plus tard, imaginant une ingénieuse riposte couronnée de succès, les habitants de Calenzana se cachèrent sur les toits. Les envahisseurs allemands crurent que la ville était déserte. Pris par surprise, ils se firent bombarder avec des ruches. Pour fuir plus vite les piqûres des abeilles, ils se débarrassèrent de leurs armes. Les pertes ennemies s'élevèrent à cinq cents soldats.

Les Corses ont toujours compté sur leur ingéniosité autant que sur les ressources naturelles du pays. Dans leur maquis et leurs montagnes, ils ont trouvé un refuge que les armées des envahisseurs n'ont jamais pu pénétrer. Touffu, inextricable, le maquis est devenu un symbole de résistance passionnée et durable. Mélange de myrte, romarin, lavandin, menthe sauvage, églantier, arbousier, ciste, sauge, bruyère et oliviers sauvages, le maquis est constamment en train de changer et de s'adapter. Ses effluves douces mais puissantes, imprègnent l'âme du Corse. Il ne faut jamais cueillir l'églantine, ni la placer dans sa maison, car elle repousserait l'esprit du Christ s'il venait à passer. Dans le maquis, l'églantier attire les abeilles qui à leur tour, fabriquent le miel réputé pour donner longue vie aux centenaires corses. La myrte améliore la vision nocturne ; mélangée à l'arbousier, elle donne une eau de vie puissante. On utilise même ses branches : trempées dans l'eau, elles sont ensuite tressées pour fabriquer les paniers de pêche ovales utilisés chaque année pour capturer les dorades grises, si appréciées. Le Corse, qui mange volontiers des oiseaux, a un penchant particulier pour le merle. Peut-être celui-ci est-il d'ailleurs plus succulent sur l'île, nourri comme il l'est au maquis.

Le maquis offre aussi une cache pour le bandit d'honneur. Ce hors-la-loi apparut au cours du XVIIIe siècle, en réaction contre l'occupation génoise. Conscients de l'inutilité d'essayer d'obtenir justice sous une loi étrangère, ces hors-la-loi s'en remirent à leur propre sens de l'honneur et à leur déontologie personnelle, et appliquèrent leurs propres verdicts. Puisque ce faisant ils s'écartaient des lois en vigueur, il s'exilèrent dans le maquis. On ne les craignait pas, ils étaient plutôt vénérés et devinrent souvent des héros populaires. Leurs propres familles, discrètement, s'occupaient d'eux, de même que les bergers qui allaient et venaient, parfaitement à l'aise dans ce terrain presque impraticable.

La famille est un aspect fondamental de la vie corse. Là aussi, existe une solidarité et le clan prend soin de ses membres. 'Les Corses ne pardonnent jamais les injures qu'on leur a faites, ni pendant leur vie, ni après leur mort.' C'est le pays de la vendetta, tradition typiquement corse dont le rituel est strictement observé. S'il y a eu décès inopiné, la femme va étendre le corps de son mari devant la porte de l'église. Elles lui retire sa chemise, la trempe dans son sang et lance la vendetta en passant le vêtement ensanglanté à ses enfants. Ceux-ci désignent l'assassin de leur père. A partir de ce moment, leur honneur va dépendre de l'accomplissement de leur vengeance. Après le service funèbre, le corps est ramené à la maison pour les funérailles. On dispose les meubles différemment, toutes les fenêtres sont closes, il n'y a ni lumières ni fleurs. Les fusils utilisés pour la vendetta sont souvent fièrement accrochés aux murs de la maison. On conserve la chemise qui sera ressortie en plusieurs occasions, au long des ans. Sur le lieu du crime, on commence à construire un 'mucchiu'. Chaque passant y ajoutera une pierre, en souvenir du meurtre et des devoirs qui en résultent pour le justicier. Et, dut-il

ARRIVER UN NOUVEL ACCIDENT DU FAIT DE LA HAUTEUR DE LA PILE DE PIERRES, MA FOI, L'INCIDENT NE FERA QUE PACIFIER DAVANTAGE L'ÂME DU DÉFUNT.

LA COUTUME DES FUNÉRAILLES EST UNE CÉRÉMONIE VILLAGEOISE. LES FEMMES SE RASSEMBLENT AUTOUR DU CORPS POUR LANCER LEURS LAMENTATIONS D'UNE VOIX AIGUË. TRADITIONNELLEMENT, LA FAMILLE OFFRE UNE FÊTE À TOUTE LA VILLE. CE REPAS SOLENNEL EST ESSENTIEL POUR RENDRE HOMMAGE AU DÉFUNT ET POUR GARANTIR LA RÉPUTATION DE LA MAISON, AUSSI SE PEUT-IL QUE LE BANQUET SOIT OFFERT AUSSITÔT APRÈS L'ENTERREMENT, S'IL Y A DE QUOI LE PRÉPARER, OU PLUS TARD À L'AUTOMNE, APRÈS LA RÉCOLTE. UNE JEUNE FEMME COMMENCE À S'HABILLER DE NOIR DÈS QU'ELLE PERD UN MEMBRE DE SA FAMILLE DIRECTE. BEAUCOUP PORTERONT AINSI LE DEUIL PENDANT LE RESTANT DE LEURS JOURS.

LES MORTS TIENNENT UNE PLACE PARTICULIÈRE PARMI LES VIVANTS. CERTAINS DES PLUS BEAUX SITES DE L'ÎLE SONT OCCUPÉS PAR DES MAUSOLÉES FAMILIAUX DANS L'ESPOIR QUE LES MEMBRES DÉFUNTS DE LA FAMILLE REPOSENT EN BEAUTÉ AUTANT QU'EN PAIX. A LA VEILLE DE LA TOUSSAINT, LE 31 OCTOBRE, CHAQUE FAMILLE SE RETROUVE EN VILLE POUR SONNER, À SON TOUR, LES CLOCHES DE L'ÉGLISE QUI CARILLONNENT JUSQU'AU LENDEMAIN MATIN. ELLES RÉVEILLENT LES DÉFUNTS QUI SONT SUPPOSÉS REVENIR CHEZ EUX. IL EST IMPÉRATIF QUE CEUX QUI SONT PARTIS RECONNAISSENT LES LIEUX, ET L'ON DOIT MAINTENANT RÉARRANGER LA MAISON COMME ILS L'AVAIENT CONNUE. SUR LA TABLE DRESSÉE, ON DISPOSE AU MOINS DU PAIN ET DE L'EAU, PARFOIS UN REPAS COMPLET. LES TOMBES SONT FLEURIES, MAIS CE QU'ON VOIT LE PLUS, CE SONT LES BOUGIES QUI BRÛLENT DANS LEURS VERRES ROUGES. DANS L'HUMIDITÉ ET LA BRUME NOCTURNE, CES LUMIÈRES ROUGES DISSÉMINÉES À TRAVERS LA VILLE ET LA CAMPAGNE, RENDENT PLUS INTENSE L'ATMOSPHÈRE MYSTIQUE ET ÉTRANGE DE CE JOUR SOLENNEL.

LE VENDREDI SAINT OFFRE AUX CORSES UNE AUTRE OCCASION DE PLEURER LEURS MORTS AVEC FLEURS ET CHANDELLES. DANS LA VILLE DE SARTÈNE, ILS CÉLÈBRENT LA MORT DU CHRIST EN REJOUANT LE CORTÈGE DE LA CRUCIFIXION. UN PÉNITENT ANONYME ASSUME LE RÔLE DE CATENACCUI, L'ENCHAÎNÉ. LE PRÊTRE LOCAL EST LE SEUL À CONNAÎTRE L'IDENTITÉ DU VOLONTAIRE QUI PEUT ÊTRE UN CRIMINEL SINCÈREMENT REPENTI. ENCHAÎNÉ ET CAGOULÉ, PORTANT LE POIDS D'UNE ÉNORME CROIX NOIRE, IL TRAVERSE LES RUES ÉCLAIRÉES DE CHANDELLES. LE PÉNITENT DOIT SUIVRE LA TRADITION ET PAR TROIS FOIS, TRÉBUCHER ET TOMBER. LA PROCESSION SE TERMINE SUR LA PLACE PRINCIPALE ET LE PRÊTRE BÉNIT LA FOULE. UN DES VOLONTAIRES, APRÈS AVOIR ACCOMPLI LE CALVAIRE EXPLIQUA QU'IL N'ÉTAIT PAS NÉCESSAIRE DE CHERCHER À ÊTRE LE CHRIST, MAIS PLUTÔT DE FAIRE COMME LUI. A PÂQUES, LES CURÉS DES PAROISSES RENDENT VISITE À TOUTES LES FAMILLES POUR LEUR APPORTER UNE BÉNÉDICTION SPÉCIALE. PROFITANT DE LA TECHNOLOGIE MODERNE POUR MENER À BIEN CETTE VIELLE COUTUME, ILS PEUVENT, SI BESOIN EST, PRENDRE L'HÉLICOPTÈRE POUR ATTEINDRE LES LIEUX LES PLUS RECULÉS.

LE JOUR DE L'ASCENSION, À L'AUBE, LES CORSES VONT CUEILLIR LA FLEUR DES PIEDS DE MAUVE QUI POUSSENT DANS LES FISSURES DES ROCHES ET LA RAPPORTENT CHEZ EUX POUR ATTIRER LA BONNE FORTUNE. SI ELLE CONTINUE À FLEURIR, TOUT IRA BIEN. MALHEUR À CEUX DONT LES FLEURS SE FANENT! ON RÉCOLTE AUSSI L'ŒUF DE L'ASCENSION, (LE PREMIER ŒUF PONDU AU MATIN DE CE JOUR) CAR IL PORTERA BONHEUR À LA MAISON ET À LA FAMILLE PENDANT UNE PLEINE ANNÉE. SI QUELQU'UN EST MALADE, ON PLACE L'ŒUF À LA TÊTE DU LIT POUR QU'IL GUÉRISSE PLUS VITE ET QUAND LA TEMPÊTE FAIT RAGE, LES FEMMES DE MARINS EN POSENT UN SUR LE REBORD DE LEUR FENÊTRE AFIN QUE SE CALMENT LES VAGUES ET LE VENT.

LES CORSES SONT FERVENTS DANS LEURS PRATIQUES RELIGIEUSES ET CELLES-CI SONT MÊLÉES DE SUPERSTITION ET DE SORCELLERIE, PARTICULIÈREMENT DANS LE SUD DU PAYS. A BONIFACIO, LES PÊCHEURS S'ARRÊTENT QUAND SONNENT LES CLOCHES À MIDI. ILS RAMASSENT QUATRE PIERRES, EN JETTENT UNE DEVANT EUX, UNE DERRIÈRE EUX, UNE À DROITE, UNE À

GAUCHE. PUIS ILS SE SIGNENT ET PRIENT LE DESTIN DE LES PROTÉGER. BIEN QUE DEVIN, LE MAZZERU PEUT NE PAS SEMBLER DIFFÉRENT DE SES VOISINS DANS SON TRAVAIL ET SA VIE FAMILIALE. MAIS, LA NUIT, PARFOIS, IL A LE PRESSENTIMENT QU'UN VILLAGEOIS VA MOURIR ET CETTE PRÉMONITION SE RÉALISE QUELQUES JOURS PLUS TARD. LA 'TENIDORA' ET LA 'SIGNADORA', ELLES, AGISSENT CONTRE LE MAUVAIS ŒIL. LA 'TENIDORA' EST UNE VOYANTE QUI A LE POUVOIR DE GUÉRIR LES ÂMES ET LES CORPS PAR SES PSALMODIES ET SES CHARMES. LA 'SIGNADORA' LAISSE TOMBER DES GOUTTES D'HUILE BRÛLANTE DANS UNE COUPE D'EAU, TOUT EN N'ARRÊTANT PAS DE FAIRE LE SIGNE DE CROIX AU-DESSUS. ELLE DEVINE DE QUOI VOUS SOUFFREZ ET LE TRAITEMENT À APPLIQUER. DANS LA FAMILLE, ON HÉRITE DE CES DONS DE SECONDE VUE DE GÉNÉRATION EN GÉNÉRATION.

LES BERGERS EUX AUSSI MONTRENT CE GENRE DE DONS. ILS PASSENT LEURS JOURS ET LEURS NUITS AU MILIEU DES TROUPEAUX, AU PIED DES COLLINES OU DANS LES MONTAGNES, ISOLÉS LA MAJEURE PARTIE DU TEMPS DE TOUT CONTACT HUMAIN. EN PLEINE NATURE, CE SONT LES FOUGÈRES QUI LEUR SERVENT DE LITS, LES PIERRES DE SIÈGES ET LEUR INTIMITÉ AVEC LA TERRE ET LA VOÛTE CÉLESTE EST SOUVENT TRÈS PROFONDE. CONNAISSANT PARFAITEMENT LE TERRAIN, ILS SONT CAPABLES D'AIDER LES HONNÊTES BANDITS DU MAQUIS. LEUR SENSIBILITÉ LEUR PERMET DE PRÉDIRE L'AVENIR. ILS ÉTABLISSENT LEURS PRÉDICTIONS À L'AIDE DE L'OMOPLATE OU DES ENTRAILLES DES MOUTONS ET DES CHÈVRES. SI L'UNE DE LEURS BÊTES TOMBE MALADE, ILS JETTENT LA CLEF D'UNE CHAPELLE DANS LE TROUPEAU AFIN D'ASSURER LA GUÉRISON. LES PIERRES BRISÉES DU MAQUIS SONT UN AUTRE TALISMAN POUR GARDER LE TROUPEAU EN BONNE SANTÉ. 'BROCCHIO' EST LE NOM DE CE FROMAGE PARTICULIER QU'ILS FABRIQUENT AVEC LE PETIT LAIT. ILS NE MANQUENT JAMAIS DE FAIRE LE SIGNE DE CROIX AU-DESSUS DU LAIT QU'ILS PRÉPARENT CHAQUE JOUR.

C'EST UNE BERGÈRE LOCALE QUI RÉUSSIT UN JOUR À VAINCRE LES SÉDUCTIONS DU DIABLE. FOLLEMENT AMOUREUX D'ELLE, CELUI-CI LUI FIT DES AVANCES. ELLE LES REPOUSSA TOUTES AVEC MÉPRIS ET APPELA SON MARI QUI S'EMPRESSA D'ADMINISTRER LE FOUET AU MALIN. HUMILIÉ, CE DERNIER BATTIT EN RETRAITE. MAIS IL SE VENGEA EN SCULPTANT LES ROCHERS DE PIANA À COUPS D'ÉCLAIRS ET DE FOUDRE, RENDANT LE LIEU DAMNÉ ET POUR TOUJOURS INHABITABLE. MAIS SA CRÉATION SAUVAGE AVAIT DE LA GRANDEUR ET BIENTÔT TOUTE L'ÎLE LE SUT. SAINT MARTIN VINT SE RENDRE COMPTE ET FUT ÉMERVEILLÉ. IL DONNA SA BÉNÉDICTION. DIEU AJOUTA LA SIENNE. DANS UNE ÉNORME VAGUE, LE GOLFE DE PORTO ET LES IMPRESSIONNANTES CALANQUES DE PIANA FURENT CRÉÉS.

DEPUIS TOUJOURS LES SAINTS ONT FAIT DES APPARITIONS MIRACULEUSES ET ON LES HONORE ENCORE AUJOURD'HUI. LORS DU MARTYR DE SAINTE JULIA, À NONZA, ON LUI COUPA LES SEINS, QU'ON JETA AU LOIN. O MIRACLE ! DEUX FONTAINES JAILLIRENT SPONTANÉMENT ! LA VIERGE MARIE EST LA BIENFAITRICE D'AJACCIO. ELLE Y FIT DEUX APPARITIONS AU COURS DU XVIᴱ SIÈCLE, OÙ ON LA VIT CONTEMPLER LE CIEL ET PRONONCER LE MOT 'MISÉRICORDE'. CENT ANS PLUS TARD, UNE STATUE À SON IMAGE DONNA L'ORDRE DE S'ARRÊTER À DEUX HOMMES QUI SE BATTAIENT FURIEUSEMENT. ILS OBÉIRENT. LORS DE L'ÉPIDÉMIE DE PESTE DE 1645, LA VILLE SE DÉDIA POUR TOUJOURS À SA DAME DE LA MISÉRICORDE. UN JOUR D'ASSOMPTION EN 1769, ALORS QU'ON CÉLÉBRAIT L'ASCENSION DE MARIE, NAQUIT À AJACCIO UN PETIT BONAPARTE. ON DIT QUE LA COMÈTE QUI ÉTAIT APPARUE DEUX MOIS AVANT SA NAISSANCE ÉTAIT L'ANNONCE DE SON GÉNIE.

BIEN QUE SES AVENTURES L'AIENT TENU OCCUPÉ BIEN LOIN DE SON LIEU DE NAISSANCE, LORSQU'IL FUT BANNI SUR L'ÎLE D'ELBE, NAPOLÉON REVINT SOUVENT EN PENSÉES À SA TERRE NATALE BIEN-AIMÉE. PLUS QUE DES SUCCÈS DE SES JOURS DE GLOIRE, LE FILS PRÉFÉRÉ DE LA CORSE AVAIT LA NOSTALGIE DE SON ÎLE NATALE ET DE LA SENTEUR DE SON MAQUIS SAUVAGE. ÉVOCATEUR ET OBSÉDANT, ACCIDENTÉ ET RÉSISTANT, LE MAQUIS SERA TOUJOURS L'EMBLÈME DE LA SAUVAGE BEAUTÉ DE LA CORSE, DE SON ESPRIT INVINCIBLE ET DE LA SOLIDARITÉ DE SON PEUPLE.

AJACCIO (AIACCIU)

CALVI

CENTURI

BASTIA

CENTURI

MONTICELLO (MONTICELLÚ)

CORSE DU SUD

OLETTA

QUENZA

(STEFANOCIÚ) STEFFANOCIO

PORTO-VECCHIO (PORTI-VECCHIU)

HAUTE CORSE

HAUTE CORSE

CALANQUES DE PIANA

GOLFE DE PORTO

(BONIFACIÚ) BONIFACIO

AJACCIO (AIACCIU)

(ISULA-ROSSA) L'ILE-ROUSSE

(BONIFACIÚ) BONIFACIO

PORTICCIO (PORTICCIÚ)

ILES SANGUINAIRES

EZE

PROVENCE-ALPES CÔTE D'AZUR

...Mais en été, je me lasse vite, à m'enfoncer dans les terres ; j'ai tôt soif de la mer,
de l'inflexible suture horizontale, bleu contre bleu... — Colette, (Naissance du Jour)

Il y a une vertu dans le soleil. — Lamartine

Chaque année, au printemps, les Tropéziens célèbrent leur bravade. Les hommes vêtus de leurs tenues militaires qui datent du XVe siècle, défilent côte à côte, faisant pétarader leur tromblons en cadence, à chaque ordre du capitaine de ville. Les femmes et les enfants ont revêtu leurs plus beaux costumes provençaux, un patrimoine qu'on se lègue de génération en génération. Le troisième jour de la parade, au cours d'un pique-nique, les jeunes garçons se voient investir de leur rôle futur : ce sont eux, maintenant, les 'fils de Provence' ; par cette transmission, une nouvelle génération trouvera son identité.

Lors de la procession du mois de mai, la ville fait allégeance à son saint patron, Saint Tropez, un centurion de la cour de Néron, du nom de Torpès. Ayant refusé d'abjurer la foi chrétienne, il fut jeté aux lions. Mais ceux-ci, lâchés dans l'arène, vinrent lui lécher les pieds avec soumission. Mieux valut le décapiter. Dans une barque qu'on poussa au large, on plaça sa tête et son corps, avec un coq et un chien qui devaient s'en nourrir. Ils n'y touchèrent pas et au bout de plusieurs jours, en soixante-huit après J.C., l'ensemble arriva intact sur la côte provençale, dans le petit port de pêche qui allait plus tard prendre le nom de son saint patron.

Les Provençaux ont hérité du sens de la famille et de la loyauté et montrent un profond respect, sinon une passion, pour cet héritage. Ils parlent encore le provençal et peut-être l'étudient-ils plus qu'auparavant. C'était autrefois la langue des galants troubadours. Tout d'abord bouffons ou jongleurs dans les cours médiévales, ils se firent chantres, et de leurs chansons d'amour inspirées naquit l'amour courtois. Les thèmes de chevalerie et de fidélité donnèrent plus tard naissance à l'amour romantique. Les princes révéraient tant leurs poètes, qu'au cours des ans, les nobles et les paysans en vinrent à adopter leur parler et leurs mœurs, un phénomène unique en France. On découvre chez le Provençal une dignité empreinte d'humilité et de sagesse. Il a la bonhomie méridionale, ce goût joyeux pour les plaisirs simples de la vie.

Pour les Provençaux, beaucoup de choses ont changé très vite. Autrefois, à cause de son sol caillouteux et de l'aridité du climat, la région était peu fertile. Or le soleil et l'absence de pluie, facteurs de pauvreté pour la terre, furent ceux qui attirèrent les premiers étrangers dont la présence a fait depuis monter le prix des terrains au niveau des plus chers de France. Certains dénoncent le 'mur de béton', et il est difficile de repousser l'accusation. Mais, malgré le développement trop rapide, on peut encore trouver des escapades solitaires et malgré l'opulence, l'âme de la contrée reste simple. La mer, le soleil, la terre, ses oliviers et ses

VIGNOBLES, UN JEU DE BOULES OU BIEN DE CARTES, UNE CONVERSATION PLEINE D'ESPRIT — LA VIE TOURNE ENCORE AUTOUR DE CES SIMPLES ÉLÉMENTS. DERRIÈRE L'ÉCLAT DE LA RICHESSE ET LES FESTIVALS, LES GENS DE PROVENCE CONSERVENT AVEC FERVEUR LEURS TRADITIONS ET LEUR FOLKLORE ET CHÉRISSENT, COMME PAR LE PASSÉ, LA BEAUTÉ NATURELLE DE LEUR RÉGION.

ET QUELLE SAISISSANTE BEAUTÉ S'OFFRE EN EFFET À NOS REGARDS ! L'ARTISTE PROVENÇAL, DIT-ON, EST NÉ AVEC DU SOLEIL DANS LES VEINES, QUANT AUX ÉTRANGERS AU PAYS, ILS ASPIRENT À S'Y FAIRE TRANSFUSER. ILS VIENNENT POUR DÉCOUVRIR, EXPLORER, RENDRE HOMMAGE À LA SPLENDEUR DE LA LUMIÈRE, DES COULEURS ET DES FORMES OFFERTES TOUT AU LONG DE CETTE CÔTE INONDÉE DE SOLEIL. POUR N'EN NOMMER QUE QUELQUES UNS PARMI LES PLUS RÉCENTS : SIGNAC A AIDÉ À LA 'DÉCOUVERTE' DE SAINT-TROPEZ, CE CURIEUX VILLAGE DE PÊCHEURS QUI L'INSPIRA SA VIE DURANT. RENOIR S'EST ÉTABLI AU MILIEU DE SES OLIVIERS CENTENAIRES À CAGNES-SUR-MER. BONNARD S'EST INSTALLÉ AU CANNET. MATISSE ET DUFY ONT CHOISI NICE. PICASSO ABANDONNA PARIS POUR ANTIBES, VALLAURIS ET CANNES, POUR FINIR PAR VENIR VIVRE À MOUGINS. LEUR MUSE MERVEILLEUSE CONTINUE À SE DONNER À NOUS.

LA CÔTE EST ROCHEUSE, PARFOIS PEU ACCESSIBLE. LES MONTAGNES NE SONT JAMAIS LOIN, QUI TOMBENT SOUVENT EN MURAILLE DANS LA MÉDITERRANÉE. LES ROCHERS OCRES ET ROUGES SE MÊLENT AUX PINS ET AUX CHÊNES VERTS DU MASSIF DES MAURES ET PLUS LOIN, AUX ÉPINEUX ET AUX BRUYÈRES DE L'ESTÉREL. ENTRE NICE ET MENTON, LES CONTREFORTS DES ALPES PLONGENT AUSSI DANS LA MER.

MARSEILLE, DE DEUX CÔTÉS, EST FLANQUÉE D'UNE SÉRIE DE CALANQUES, QUI DESCENDENT DE L'ESTAQUE SUR SON RIVAGE OCCIDENTAL ET QUI S'ÉTENDENT JUSQU'À LA CIOTAT, À L'EST. LE MOT CALANQUES VIENT DE 'CALENCO', ABRUPT, EN PROVENÇAL, CES FALAISES CALCAIRES, LES PLUS HAUTES D'EUROPE, S'ÉLÈVENT JUSQU'À QUATRE CENTS MÈTRES. FORMÉES LORSQUE LES FONDS MARINS S'EXHAUSSÈRENT LORS DE LA GLACIATION QUATERNAIRE, IL Y A DEUX MILLIONS D'ANNÉES, LEURS PICS NE CESSÈRENT D'ÊTRE SCULPTÉS PAR LES VENTS ET LA PLUIE. D'UN ACCÈS DIFFICILE, ELLES SONT LE PARADIS DES GRIMPEURS ET PLONGEURS QUI VEULENT EXPLORER LEURS MERVEILLES. LORS D'UNE PLONGÉE UN JOUR DE 1991, ET À SA GRANDE SURPRISE, HENRI COSQUER DÉCOUVRIT UNE GROTTE QUI N'ÉTAIT ACCESSIBLE QU'À DIX MÈTRES SOUS L'EAU. EN SUIVANT LE BOYAU, IL DÉBOUCHA DANS UNE SALLE SITUÉE AU-DESSUS DU NIVEAU DE LA MER, QUI CONTENAIT DES FRESQUES DATANT DE 2000 AVANT J.C.

LE BLEU PROFOND DES CRIQUES SCINTILLANTES VIENT SE MÊLER À L'AZUR LUMINEUX DE LA MER. COMMENT POURRAIT-ON DÉCRIRE L'INTENSITÉ DES COLORIS DE CES EAUX ? UN ARTISTE POURRAIT ESSAYER LE COBALT, MAIS SEULEMENT COMME PREMIÈRE TOUCHE, PUISQUE CELLE QUI EST 'LA PLUS BLEUE DES MERS' REFLÈTE MILLE FOIS PLUS DE NUANCES DE BLEU QUE LE CIEL LUI-MÊME. LE VERT, LE GRIS, LE VIOLET, AGRANDISSENT LA PALETTE À L'INFINI.

LES PROVENÇAUX DISENT QUE LA MER EST UN MIROIR, QUAND ELLE EST CALME ET PAISIBLE COMME UN LAC. MAIS ELLE PEUT AUSSI SE DÉCHAÎNER, D'AUTANT PLUS DANGEREUSE DANS SES CHANGEMENTS BRUTAUX QU'ILS SONT IMPRÉVISIBLES. LES MÉRIDIONAUX SONT PASSIONNÉMENT ATTACHÉS À LEUR TERROIR. ILS ONT LE RESPECT DE LA MER. LES MAISONS, DE TOUT TEMPS ONT ÉTÉ TOURNÉES VERS LE LARGE, MOINS POUR LA VUE MAGNIFIQUE QU'ELLES Y GAGNENT, QUE POUR SAVOIR QUEL TEMPS S'ANNONCE ET QUELLE BONNE OU MAUVAISE FORTUNE. UN PROVERBE NOUS MET EN GARDE : 'FAIS L'ÉLOGE DE LA MER, TIENS-TOI À TERRE.' LES PÊCHEURS CRAIGNENT PARTICULIÈREMENT LE VENT DU LEVANT QUI APPORTE LA PLUIE ET UNE MER DURE, À LA HOULE COURTE ET HACHÉE. HABITUELLEMENT, LA MARÉE EST NÉGLIGEABLE, MOINS DE VINGT-CINQ CENTIMÈTRES, MAIS LE VENT PEUT FAIRE MONTER LA MER D'UN MÈTRE.

SUR LA CÔTE D'AZUR, COMME D'AILLEURS SUR TOUT LE LITTORAL FRANÇAIS, IL FAUT COMPTER AVEC LE VENT. LE MISTRAL, QUI SOUFFLE DU NORD-OUEST DANS LE DELTA DU RHÔNE, BALAIE LA CAMARGUE ET CONTINUE SA COURSE LE LONG DE LA CÔTE. LES LOCAUX AFFIRMENT QU'IL EST UNE VENGEANCE DES GENS DU NORD, JALOUX DU CLIMAT DU SUD. LES RAFALES, UN JOUR DE FÉVRIER 1938, ATTEIGNIRENT LA VITESSE RECORD DE DEUX CENT CINQUANTE KILOMÈTRE-HEURE. NAGUÈRE, LES PAYSANS VOYAIENT DANS CE VENT UNE PURGE QUI DÉBARRASSAIT L'AIR MALSAIN DES GERMES ET DES ÉPIDÉMIES. POURTANT, L'INCESSANT HURLEMENT PEUT METTRE LES NERFS À VIFS, ET, PAR LE PASSÉ, ON A SOUVENT VU ACCORDER 'LES CIRCONSTANCES EXTÉNUANTES' POUR DES CRIMES COMMIS PAR TEMPS DE MISTRAL. SOUS SA VIOLENCE INEXORABLE, LES PÊCHEURS DISENT QUE LA MER 'SE HÉRISSE DE MOUTONS', ET ILS N'AIMENT PAS CE

VENT, CAR D'APRÈS EUX, IL FAIT SE CACHER LES POISSONS. LE MISTRAL PEUT SOUFFLER PENDANT TROIS, SIX OU NEUF JOURS, ET MÊME, EXCEPTIONNELLEMENT, PENDANT TROIS SEMAINES ! BIEN SÛR, CE PROCESSUS PEUT CHANGER, SI D'AUTRES VENTS S'EN MÊLENT. ALORS AUCUNE PRÉDICTION N'EST POSSIBLE. OR IL Y A VINGT-DEUX VENTS DIFFÉRENTS QUI SOUFFLENT SUR L'ENSEMBLE DE LA CÔTE PROVENÇALE. L'UN D'EUX, LE SIROCCO EST UN VENT CHAUD, SEC QUI TRANSPORTE LE SABLE ROUGE DU SAHARA JUSQUE SUR LES SOMMETS DES ALPES ET A MÊME LA FORCE DE CHANGER LA COULEUR D'UN COUCHER DE SOLEIL PARISIEN.

LES PÊCHEURS DOIVENT POUVOIR DÉCHIFFRER LES ÉLÉMENTS ET DÈS L'ENFANCE, LES GARÇONS S'Y INITIENT EN ÉCOUTANT PARLER LEUR PÈRE. COMME LEUR SORT SE JOUE À LA MER, ILS DEMANDENT PROTECTION À SAINT PIERRE ET À SAINT ELOI. LES JOURS DE LEUR FÊTE, ILS RENDENT HOMMAGE À LEURS SAINTS PATRONS. DANS TOUS LES PORTS DE LA CÔTE, LES SAINTES RELIQUES SONT PLACÉES DANS LES PETITES BARQUES DE BOIS COLORÉES ET EMMENÉES EN MER OÙ LES MARINS ÉPARPILLENT DES FLEURS SUR L'EAU, EN RECONNAISSANCE POUR LES PRIÈRES QUE LES SAINTS ONT EXAUCÉES.

LA LÉGENDE RACONTE QUE, COMME À L'ACCOUTUMÉE, LES PÊCHEURS NIÇOIS NETTOYAIENT UN SOIR LEURS FILETS, QUAND UN BATEAU LEUR APPARUT, BARRÉ PAR UNE COLOMBE. DEUX ANGES LE SURVOLAIENT. LA BARQUE, DÉCORÉE DE PALMES, CONTENAIT LE CORPS D'UNE JEUNE FILLE ENVELOPPÉE DE DENTELLES ET COUCHÉE SUR UN LIT DE ROSES. LES HOMMES AMENÈRENT À TERRE LA FRÊLE DÉPOUILLE ET L'ENSEVELIRENT SOUS UN DÔME DE FEUILLES. RÉPARATE, JEUNE VIERGE DE QUINZE ANS MARTYRISÉE À CAZARÉE À L'AUTOMNE 250 AVANT J.C. ALLAIT ÊTRE AINSI ADOPTÉE COMME SAINTE PATRONNE DE NICE. EN L'HONNEUR DE SON ESCORTE, LES PÊCHEURS DONNÈRENT À LEUR BAIE LE NOM DE BAIE DES ANGES.

DE L'AUTRE CÔTÉ DE LA BAIE, AU LARGE DE CANNES, SE TROUVENT DEUX ÎLES. JADIS RÉUNIES EN UNE SEULE, COUVERTE DE SERPENTS ET DEMEURE DU MALIN. AFIN DE PURIFIER LA MER, DIEU SÉPARA L'ÎLE EN DEUX PARTIES. LE DIABLE QUI AVAIT UN PIED SUR CHACUNE, PERDIT L'ÉQUILIBRE ET SE NOYA. MAIS LES SERPENTS CONTINUÈRENT À SE REPRODUIRE. EN 375 AVANT J.C., SAINT HONORAT, QUITTANT SON ERMITAGE DU MASSIF DES MAURES, ARRIVA SUR L'ÎLE QUI ALLAIT PRENDRE SON NOM. IL DEMANDA DANS SES PRIÈRES D'ÊTRE LIBÉRÉ DES SERPENTS ET AUSSITÔT CEUX-CI PÉRIRENT, MAIS LEURS CADAVRES DEMEURÈRENT, PROVOQUANT UNE INSUPPORTABLE PUANTEUR. ALORS SAINT HONORAT GRIMPA AU HAUT D'UN PALMIER ET SUPPLIA QUE L'ÎLE SOIT ENFIN LIBÉRÉE. SA REQUÊTE FUT AUSSITÔT SUIVIE D'UNE IMMENSE VAGUE DE FOND QUI, EN SUBMERGEANT L'ÎLE, EMPORTA LES RESTES DES SERPENTS. UNE FOIS PURIFIÉE, CETTE ÎLE À LA BEAUTÉ DIVINE DEVINT LE REFUGE DE DIVERS ORDRES MONASTIQUES, DONT AUJOURD'HUI LES BÉNÉDICTINS. AU COURS DES SIÈCLES, UN PÈLERINAGE SUR CETTE ÎLE DEVINT L'ÉQUIVALENT D'UN VOYAGE EN TERRE SAINTE.

SAINTE MARGUERITE, SŒUR D'HONORAT, ÉTABLIT UN COUVENT SUR L'ÎLE VOISINE QUI PORTE AUJOURD'HUI SON NOM. SON FRÈRE LUI PROMIT DE VENIR LA VOIR CHAQUE ANNÉE, QUAND LES CERISIERS SERAIENT EN FLEURS. ELLE PRIA AVEC TANT DE FERVEUR POUR REVOIR SON FRÈRE QUE LES CERISIERS SE MIRENT À FLEURIR TOUS LES MOIS. HONORAT, S'INCLINANT DEVANT LE MIRACLE, LUI RENDIT UNE VISITE MENSUELLE.

CULTE ET FOI SONT INTIMEMENT MÊLÉS DANS L'HISTOIRE ET LE FOLKLORE DE PROVENCE. EN 1306, LES PÉNITENTS BLANCS DE NICE COMMENCÈRENT À CULTIVER LES COLLINES. AU MOYEN ÂGE, ON TROUVAIT DES ORDRES DE PÉNITENTS NOIRS, ROUGES ET BLEUS. TOUS PRATIQUAIENT L'ENGAGEMENT SOCIAL, OFFRANT LEUR AIDE PENDANT LES GUERRES, LES FAMINES ET LES ÉPIDÉMIES. LEUR COULEUR DIFFÉRAIT SELON LE GROUPE DONT ILS DEVAIENT S'OCCUPER : C'EST AINSI QUE LES PÉNITENTS ROUGES PRENAIENT EN CHARGE LES PÊCHEURS. IL EXISTE ENCORE AUJOURD'HUI QUINZE DE CES CONFRÉRIES QUI OFFRENT TOUJOURS LEUR SOUTIEN SPIRITUEL.

SIX CENTS ANS AVANT L'AVÈNEMENT DU CHRISTIANISME, UN VAISSEAU PHOCÉEN SOUS PROTECTION DE LA DÉESSE ARTÉMIS, PARCOURAIT LA MÉDITERRANÉE À LA RECHERCHE D'UN PORT AVEC LEQUEL COMMERCER. IL ABORDA LA CÔTE PROVENÇALE LE JOUR D'UNE FÊTE FAMEUSE. LE ROI NANN OFFRAIT UN BANQUET À SES FIDÈLES GUERRIERS, PARMI LESQUELS SA FILLE GYPTIS DEVAIT CHOISIR SON FUTUR ÉPOUX. LE ROI INVITA L'ÉQUIPAGE GREC À SE JOINDRE À EUX. UN SEUL REGARD SUR LEUR SÉDUISANT CAPITAINE SUFFIT À GYPTIS POUR SCELLER SA DESTINÉE. ELLE LUI TENDIT LA COUPE QUI LE DÉSIGNAIT COMME SON ÉLU. DANS L'EUPHORIE DE LA FÊTE, LE ROI DONNA EN DOT TOUT LE PAYS QUI S'ÉTENDAIT 'D'ICI À LA VAGUE SUIVANTE'. LES PHOCÉENS ALLAIENT ÉTENDRE LEUR INFLUENCE TOUT

AU LONG DE LA CÔTE JUSQU'À NIKAIA, (AUJOURD'HUI NICE). ILS APPORTÈRENT LA VIGNE ET INTRODUISIRENT LA NOBLE OLIVE QUI DEVINT À SONT TOUR UN SYMBOLE DE LA CUISINE ET DE LA VIE PROVENÇALE. LEUR PREMIER LIEU D'ABORDAGE A CHANGÉ SON NOM DE MASSALIA EN MARSEILLE. CE MAJESTUEUX PORT MARITIME PEUT S'ENORGUEILLIR D'ÊTRE LA PLUS VIEILLE CITÉ DE FRANCE.

FONDÉE À PARTIR D'UNE ALLIANCE INTERNATIONALE, MARSEILLE EN EST VENUE À ÊTRE DÉSIGNÉE COMME LA BABEL DES NATIONS, UNE MOSAÏQUE HUMAINE. JUIFS ET ARABES Y ONT TOUJOURS ÉTÉ CHEZ EUX. DURANT LES CENTS DERNIÈRES ANNÉES, Y ONT TROUVÉ REFUGE DES ARMÉNIENS QUI FUYAIENT LES MASSACRES TURCS, DES TZIGANES, TCHÈQUES ET POLONAIS QUI FUYAIENT HITLER, DES ITALIENS QUI FUYAIENT MUSSOLINI ET DES ESPAGNOLS QUI FUYAIENT FRANCO. LA VILLE EST DEVENUE LE HAVRE DES PIEDS-NOIRS, À LEUR RETOUR FORCÉ D'ALGÉRIE. INDÉPENDANTS, INDISCIPLINÉS, PEU RESPECTUEUX DE TOUTE AUTORITÉ, LES MARSEILLAIS INVENTENT LEUR PROPRE MODÈLE DÉMOCRATIQUE. COMME DANS LEUR CÉLÈBRE BOUILLABAISSE, IL Y A UN PEU DE TOUT DANS LA MARMITE. MARSEILLE SERT D'ARRIÈRE PLAN À LA PROVENCE DE PAGNOL. LE BAR DE MARIUS, *LE BAR DE LA MARINE*, SERT TOUJOURS LE PASTIS AUX PÊCHEURS DU VIEUX PORT. LES POISSONNIÈRES, POUR VENDRE LE POISSON CHAQUE MATIN, ANNONCENT TOUJOURS LA PRISE DU JOUR D'UNE VOIX CRIARDE. LE MARSEILLAIS A LE TEMPÉRAMENT PROVENÇAL, MAIS PEUT-ÊTRE À L'EXCÈS. CE QU'ON DIT SE MÊLE À CE QUI EST VÉRITÉ. IL EST EXUBÉRANT, PLEIN DE VERVE, GÉNÉREUX. IL MORD LA VIE À PLEINES DENTS. QUAND IL RIT, — OU QU'IL CRIE — C'EST À PLEINS POUMONS ET S'IL SE MONTRE IRRESPECTUEUX DE LA LOI, DU MOINS CONSIDÈRE-T-IL LES TRADITIONS COMME SACRÉES. TOUT AU LONG DE L'ANNÉE, LES FAMILLES SE RASSEMBLENT POUR CÉLÉBRER DES COUTUMES QUI REMONTENT AU MOYEN AGE, OU PLUS LOIN ENCORE.

LES MARSEILLAIS ADOPTÈRENT TOUT DE SUITE LES IDÉES RÉVOLUTIONNAIRES. EN JUILLET 1792, SIX CENTS VOLONTAIRES MONTÈRENT SUR PARIS EN CHANTANT LE CHANT DE GUERRE POUR L'ARMÉE DU RHIN, ÉCRIT SUR UNE MUSIQUE DE ROUGET DE L'ISLE. QUAND ILS ATTEIGNIRENT PARIS, LA FRANCE VENAIT DE TROUVER SON HYMNE NATIONAL, CONNU AUJOURD'HUI COMME LA FIÈRE MARSEILLAISE — JUSTE TRIBUT RENDU À CES MARSEILLAIS PATRIOTIQUES ET PASSIONNÉS.

MARSEILLE ET LA PROVENCE SONT PASSÉES SOUS L'AUTORITÉ DU ROI DE FRANCE EN 1481. A CETTE ÉPOQUE, ON DÉLIMITAIT UNE RÉGION PAR LA DISTANCE QUE POUVAIT PARCOURIR UN CHEVAL EN UN JOUR, ET LE FLEUVE VAR FORMAIT LA FRONTIÈRE ORIENTALE DE LA PROVENCE. AU-DELÀ, PLUS MONTAGNEUX, MOINS RICHE, S'ÉTENDAIT LE COMTÉ DE NICE, QUI ALLAIT DÉPENDRE LONGTEMPS DE LA MAISON LOMBARDE DE SAVOIE. CE N'EST QU'EN 1860 QUE LE 'PAYS NIÇOIS' A ÉTÉ RATTACHÉ À LA FRANCE. UN AIGLE MAJESTUEUX INCARNE SUR LE DRAPEAU NIÇOIS LA FIERTÉ ET L'INDÉPENDANCE DU PAYS ET L'ON DIT QUE LA TÊTE DE L'OISEAU A CHANGÉ DE CÔTÉ, REGARDANT SOIT À L'EST (ITALIE), SOIT À L'OUEST (FRANCE), SELON LES REVIREMENTS DE L'HISTOIRE. LE VRAI NIÇOIS MONTRE UN CARACTÈRE QUELQUE PEU INSULAIRE, AVEC UN ESPRIT DE FAMILLE ASSEZ EXCLUSIF, IL PARLE *NISSART*, LE DIALECTE LOCAL, ET FONDE SON IDENTITÉ SUR DES BASES HISTORIQUES. MAIS C'EST AVEC FIERTÉ QU'IL PARTAGE LA MER ET LE SOLEIL AVEC SES COUSINS PROVENÇAUX.

SI L'ON SUIT LA CÔTE JUSQU'À LA FRONTIÈRE LA PLUS ORIENTALE DU TERRITOIRE FRANÇAIS, ON ARRIVE À MENTON. LA LÉGENDE VEUT QUE, LORSQU'ADAM ET EVE FURENT CHASSÉS DU PARADIS, EVE CACHA UN CITRON SOUS SA FEUILLE DE VIGNE. PUIS, PAR MONTS ET PAR VAUX, LE COUPLE PARCOURUT LA TERRE. LORSQUE, DÉSABUSÉS, ILS ATTEIGNIRENT LA CÔTE MÉDITERRANÉENNE, ILS RESTÈRENT MUETS D'ÉMERVEILLEMENT DEVANT LA MAJESTÉ DES VERDOYANTES COLLINES TOMBANT DANS UNE MER TURQUOISE. C'ÉTAIT PRESQUE LE PARADIS QU'ILS AVAIENT NAGUÈRE CONNU. EVE JETA LE CITRON POUR QU'IL SE REPRODUISE ET QUE LEUR NOUVEAU PARADIS PORTE LES MÊMES FRUITS QUE LE JARDIN D'EDEN.

DE NOS JOURS, BEAUCOUP DE CHOSES CHANGENT. LA 'RUÉE VERS LE SOLEIL' AMÈNE AU PAYS COMPATRIOTES ET ÉTRANGERS. LES IMMEUBLES CONTINUENT DE GRIMPER. L'IDENTITÉ PROVENÇALE SE DILUE. LA CONTRÉE A ÉTÉ COMBLÉE DE TOUTES LES BEAUTÉS : VIGNOBLES ET OLIVIERS ABONDENT, FLEURS ET FRUITS POUSSENT MAINTENANT EN ABONDANCE, LA MÉDITERRANÉE REGORGE DE POISSONS. LA LUMIÈRE EST SUPERBE, LE SOLEIL RADIEUX. LES PROVENÇAUX PEUVENT BIEN ÊTRE RECONNAISSANTS QUE TANT DE BIENFAITS LEUR AIENT ÉTÉ ACCORDÉS. NÉANMOINS, C'EST MAINTENANT AUX FILS ET AUSSI AUX FILLES DE PROVENCE QU'INCOMBE LE DEVOIR DE CONSERVER INTACTE L'HÉRITAGE QUI LEUR A ÉTÉ LÉGUÉ.

MENTON

VILLEFRANCHE

ILE ST. HONORAT

MENTON

NICE

NICE

CANNES

ST.-JEAN-CAP-FERRAT

NICE

VILLEFRANCHE

CANNES

ST. TROPEZ

BIOT

FREJUS

ILE DES EMBIEZ

ILE ST. HONORAT

CAP DU DRAMONT

MASSIF DE L'ESTEREL

ST. TROPEZ

ROQUEBRUNE

NICE

ANTIBES

ST. TROPEZ

ST. TROPEZ

CÔTE D'AZUR

NICE

NICE

MARSEILLE

MARSEILLE

SANARY-SUR-MER

ILE DE PORQUEROLLES

MÉJEAN

CARRO

LA CIOTAT

NICE

CASSIS

MENTON

CARRO

MARTIGUES

ST. TROPEZ

MARSEILLE

ST. TROPEZ

MARSEILLE

BAIE DES ANGES

Traduction de l'Anglais par Annie Richelet
Illustrations par Lucinda Abbe
Photogravure par Megapom, Nice
Achevé d'imprimer en Janvier 1999 sur les presses de l'Imprimerie Blanchard fils, Le Plessis-Robinson, France

For North American inquiries, please contact:
Gulliver & Gauguin, Ltd., P.O.Box 669, Locust Valley, N.Y. 11560

Première édition européenne, 1999: 3000 exemplaires version Française
1000 exemplaires version Anglaise

Distribution édition européenne:

ÉDITIONS PC
Philippe Chauveau, éditeur
125, rue de l'Université
75007 Paris
e-mail éditionspc@easynet.fr

dépôt légal 0199
Ean 9782912683021
ISBN: 2-912683-02-5